U0558788

绝交的勇气

威廉

著

台海出版社

北京市版权局著作合同登记号：图字01-2020-6959

本书中文繁体字版本由精诚资讯股份有限公司-悦知文化在台湾出版，今授权人天兀鲁思（北京）文化传媒有限公司在中国大陆地区出版其中文简体字平装本版本。该出版权受法律保护，未经书面同意，任何机构与个人不得以任何形式进行复制、转载。

项目合作：锐拓传媒copyright@rightol.com

图书在版编目（CIP）数据

绝交的勇气 / 威廉著. -- 北京：台海出版社，
2021.6
ISBN 978-7-5168-2976-9

Ⅰ.①绝… Ⅱ.①威… Ⅲ.①心理学－通俗读物
Ⅳ.①B84-49

中国版本图书馆CIP数据核字(2021)第070861号

绝交的勇气

著　者：威　廉

出 版 人：蔡　旭　　　　　　　封面设计：扁　舟
责任编辑：曹任云　　　　　　　策划编辑：刘　可

出版发行：台海出版社
地　　址：北京市东城区景山东街20号　邮政编码：100009
电　　话：010-64041652（发行，邮购）
传　　真：010-84045799（总编室）
网　　址：www.taimeng.org.cn/thcbs/default.htm
E－mail：thcbs@126.com

经　　销：全国各地新华书店
印　　刷：北京金特印刷有限责任公司
本书如有破损、缺页、装订错误，请与本社联系调换

开　　本：880毫米×1230毫米　　　1/32
字　　数：132千字　　　　　　　印　　张：7.75
版　　次：2021年6月第1版　　　印　　次：2021年6月第1次印刷
书　　号：ISBN 978-7-5168-2976-9

定　　价：48.00元

版权所有　　翻印必究

人与人相处要带点棱角，
但不要刻意伤人

每个人的心都是一座岛，并非没人住着就不算生活。

小时候，我的依赖心很强，害怕被人遗忘，总是努力向人群靠拢，也希望人们更加亲近我。我以为人生热闹一点就是精彩，但事实是，本该是舒心的生活场域，却因"热闹"而变成"高峰时刻拥挤不堪的地铁车厢"。好几次我感觉喘不过气甚至突然陷入黑暗中，在伸手不见五指的空间里依然有嘈杂的人声，让我产生被极度压迫却逃不掉的恐慌。

落单，是我的成年礼。有几段时期很不好过，好像全世界的坏事全让我遇上了。大半夜的，忧伤无以名状地袭来，拿起电话却不知道该拨给谁，生怕把麻烦带给别人。手机画面停在紧急联络人那页，我蜷曲在床角，没有勇气按下通话键；通信软件开了又关，我以为自己拥有很多朋友，事实上却连一个能放心说话的对象都没有。

活着，却被庞大的关系链支配，这是现代人的宿命——越与人相处越寂寞。即便有人陪伴，仍感到孤独和束缚。在成长过程里，努力想证明自己一个人也可以很好地生活，却三番五次被困在暧昧不明的关系中，否定自己的存在。好像生活中少了别人，我就不是我了。可是人啊！哪有能耐抓住那么多关系，事实上自以为很重要的事，也没那么难抛弃。

关系的秤，永远不会平衡。现代人的情感交流太容易也太轻率，往往就会在脆弱不堪的交际中支离破碎。我们所得到的，必须用失去来交换，所以宁可委曲求全，将就着扮演他人期待的角色，为了他人的期待而检讨、改变自己。

错综复杂的人际织成了网，这张网网不住我们最想要的关系，反而紧紧勒住我们的脖子。总而言之，交际过剩的结果就是窒息。

绕着别人转的生活是如此疲惫不堪，我努力拉回所有关系的主导权，因为能自由来去的姿态才叫"自在"。这本书的创作是一段痛苦万分的解离过程，像强迫自己跟不快乐的过去一一认错，因为曾经，我能够坚强，只是因为不甘心，而不是成长，即使独立也都不是自愿的。

将无谓的假装剥除，找到自己真实的需求，往后的人生不该再为谁而伤。重整人际关系、缩小私人领域是最好的方法，工作与休息之外，所剩无几的时间应该留给哪些人？

面对同侪：时间不多，不给真心的人留不住。

面对感情：时间不多，禁不起被错的人耽误。

面对家庭：时间不多，那么叛逆要给谁看？

面对自己：时间不多，自我一点并没有错。

面对网络：时间不多，别在虚实之间摇摆。

五十五篇"悔过书"，写满了割舍、和解与弥补，希望我们不只是同病相怜，而是能在情感的泥沼中惺惺相惜的朋友，书中有故事也有应对方法，让你由内而外地修复关系，重塑一个更完整的自己。人际交往的守恒定律，是一个人不再依赖着任何关系，也能于湍急的世事中昂然挺立，不因谁而脆弱，唯有做到这般成熟才不至于飘摇。你的世界，你才是轴心。

"绝交"代表重新开始的决心，所谓的"过来人"，能够真正明白谁可惜、谁不可惜。君子择善而交，关系应该是人际交往的出口，而不该是牢笼。聚散终有时，没有一段关系能维持一辈子，但求无愧于心，良善应该留给更值得的人。将难解的关系重重放下、轻轻拉起，练习完美的收尾，是这本书想传递的处世技巧，划上一个逗号、腾出距离，更是面对人际问题时最理想的处理方式。

"你不用特地为我，我也不存心误你"，这是我三十六岁的待人态度。人与人之间宁可带着一点棱角，不刻意伤人，但要划出界线，在生活里各自安好，明白珍重、远远欣赏好过相互纠缠。你好，我也要好。

庆幸我在这样的年纪，逐渐懂得了不离不弃的可贵，多亏这一路有家人、朋友、读者的陪伴，包容我的孩子气并时时提点，付出耐心，等我长大。此刻，若我拥有拉别人一把的智慧与勇气，都是你们给予我的。我更想感谢曾经离开我的人，若是没有这些痛苦的过去，我不会知道自己其实还可以"飞"。

最终留在岛上的，肯定都是铁了心想长住的人。

威廉／曾世丰

目录

Chapter 1　绝交不可惜，别被包容绑架

Chapter 2　勇敢离开，不要勉强幸福

Chapter 3　刺耳的话要浅浅地说，真心话请包着糖衣

Chapter 4　人生太短，请将美好的未来留给自己

Chapter 5　甩开网络人际包袱，理性退群吧！

Chapter 1

绝交不可惜，别被包容绑架

最好的友谊不是赖在一起玩乐，
而是能面对面交流人生苦乐。

01 绝交也不可惜，
朋友得经过挑选而非盲目收集

持续四五年间，每逢年底，我都会赶在圣诞节前给朋友们寄出手写卡片，直到二〇一六年碰上欧洲之行暂停了一年，改为发信息祝福。年末回顾的时候，我打开一个存有亲密好友收件方式的文件夹，发现有好几个人名在这两年间，离开了我的核心生活圈。

二〇一五年初，我跟几位老友相约到曼谷跨年，一回国就向其中一位朋友发了一条两三百字的信息，我刻意收敛了指责跟带有情绪的字眼，最后还不忘祝福。但之后，我便毅然决然地删掉了对方的联络方式，取消了所有通信软件中的关注，周遭的人急忙劝和，说大家毕竟相识多年，吵完也就没事了，既然知道对方的个性就要尽力包容，朋友还是要当的。他们不解为何我的反应如此激烈，需要闹得这么大，还要摆明绝交的态度。

在人际关系里老是被"包容"绑架，

彼此不合适却一味忍受，

就因为一句"我们是朋友"。

　　我和那位朋友，并非第一次出国的糟糕旅伴，而是曾经的挚友跟室友，彼此有将近十年的情感基础，在同一屋檐下生活了整整四年。我们当初形影不离，去到任何场合都说好同进退，就连紧急电话都设置成对方的名字。后来因为房东涨租金才搬离了合租的房子，各自往理想的生活走去，之后再次聚首就是这趟跨年之行。

　　我淡淡地回复身边的人说："你说的没错，朋友也是床头吵架床尾和，可是我不想要这个朋友了。"听起来仿佛很冷血，但在整趟旅途中，我们两人有几次激烈的争吵，他六亲不认地把我往死里骂，翻旧账不够还跨越底线，猛戳我的痛处。当时我选择了沉默并试着理性以对，是因为不想被情绪牵着走而失去判断能力。因为了解换来的伤害才是让人真正难过的地方。

　　回国后的几个晚上，我的脑海里一直重复着同一个问题："朋友存在的意义是什么？"最后，我理出了答案，**现阶段的我需要的是友情中那种坚不可摧的安心感，如果感受不到，表示这个人**

3

没有走进我的心里，不必强留，于是失和后不必再和好，这成为年过三十的我处理人际关系的洒脱态度。这期间来劝我的人也开始细数他的优点，例如幽默、直率和善良，试着软化僵局，可惜此刻我已经对这些话无动于衷了。

不是我不要这个朋友，而是我不需要了。

三十岁以前，我很迷信人脉，可能是还没有领悟到人际关系的真谛就莽撞地付诸行动，无比努力却只织了一张易破的网，禁不起风吹雨打，还得再花两倍、三倍，甚至更多的心力去修补破洞。直到这两年才发现，**我真正需要的不是一张网，而是一条坚固的绳索，可以在需要的时候拉一把，而我能交出信任并用双手紧紧抓着它。**

岁月硬生生地把我们催熟，熟到我们不再因为害怕寂寞，害怕孤独而强迫自己社交，等到了该做人际减法的年纪，又明白交朋友是挑选，而不是收集。一周七天，除去白天工作的时间，还有周末跟五次晚餐的空闲，假日要留给兴趣跟学习，还要再扣掉与家人相处的时间，勉强剩余两次的饭局可供支配，当然要只留给想好好维系感情的朋友。

在为数不多的交际时间里，我想要知道朋友最近在忙什么，烦恼什么，男友女友、老公老婆、爸爸妈妈、大人小孩、小猫小狗好不好，大家的聊天内容大可以没什么"营养"，越简单越好，不需要用半生不熟的社交语言互相为难。

可是当对方谈论着让人毫不在乎的话题，比如最近跟哪个艺人走得很近，谁谁谁在追他，最近又要被邀请去哪里玩，周末的电音派对要怎么弄到贵宾席的票等种种玩乐时，基于礼貌我通常还会顺着他们的话题聊，但是年纪渐长也就厌倦了忍受，这样的交流多一秒都是对自己的折磨，于是索性减少往来。虽然从前很要好，但现在的我早已脱离以往的生活状态，去追求其他层面的需求。至于那些曾经关系热烈，但此刻没有共同语言跟价值观的人，还是能淡就淡吧！

我曾经念旧又敏感，身边的朋友一个都不想失去，但这两年，一有摩擦、争执，便决心不强留，心里反而轻松了许多。**大浪淘沙，留下的才是珍贵的，我们应该好好经营现有的人际关系，而不是像只八爪章鱼般，需不需要的都想抓紧，应该让自己的"好"变得有价值，留给值得的人。**

02 曾经推你入深渊的人，别让他对你造成二次伤害

　　由于念旧，我多数的时间花在了办同学会和跟旧同事聚会上。在和朋友联络的过程中，我总会发现一些隐藏的心结，谁跟谁怎么了，谁和谁早就不往来了……起初我很不解，有什么事不能好好说呢？自己经历得多了才明白，有很多事真的没法好好说，而且多说无益。

　　相识多久，就得花多长时间忘记，一个"陌"字通常得来不易。重感情的我也不例外，耐性被一次次挥霍，我明白了必须学会放弃维系那些太伤神的人际关系，就像是新陈代谢一般。这几年间，我的旧识在不断减少，最终和很多人走成陌路。人际交往强求不来，因为每个人处理交际的方式不同，扛着人情说客的角色真的很累，于是这几年发起聚会的态度变成了你要来便来，一切随心就好，就算只有一人到场也要快乐结尾。

　　从前的我缺少这样的圆融，看到朋友之间吵架翻脸，便硬拉

着两个人和好，但当同样的事发生在自己身上，自己却办不到。我规矩多，内心敏感，个性倔又拉不下脸，当场和别人翻脸的戏码不少人都曾经目睹过。对于生命里来了又走的人，也没办法不埋怨，所以每次一有这样的人出现，就恨不得赶快拔除，心想眼不见为净。

到了看惯离散的年纪，

发现带着芥蒂跟怨恨过活太辛苦，

改变不了的坏事情，请选择忘记。

讨厌到骨子里的人，不要去针对他，努力远离就好。我们无时无刻不在跟陌生人相遇，他们影响不了我们的心情，可是那些曾深深浅浅交往过、相互了解过的人，太容易在我们心里留下伤口，即使结痂，仍能感到疼痛。

我曾经在《精神科观察日记》中募集读者跟朋友之间的照片和故事，有一则留言是一个新闻截图，上面醒目地写着："这是我们最后一次同框，和自己曾经最好的朋友对簿公堂，绝对是我人生中最荒谬的事。八年的友谊，我们用八个月的诉讼来完结。我赢了这场官司，却输了对挚友的信任。被挚友背叛伤害，这千刀万剐的痛，是我人生的一个大黑洞，我陷在里面失眠、崩溃、暴哭、暴瘦。但现在的我，终于可以站在洞口好好喘息平静。"

我赶紧私信他向他表示问候，虽然身为局外人，但还是想表达关心，毕竟我也很能体会背叛跟心碎的痛苦。读者没有仔细交代事情的过程，我猜想或许是不太好说出口的事，于是开始担心他的心理状况，好在得到了"现在的我，已经比之前淡然、自在许多了"的回复。

我无法想象他究竟耗费了多少力气，才能在此刻坦然面对，还能够公开截图，写出自己的故事去鼓励别人。**我劝他别放弃良善，哪怕人心险恶。朋友再交还会有，至于那些曾经一把将你推进深渊的人，别给他机会对你造成二次伤害。**

面对人际关系的挫折，就算把大腿掐到瘀青也要提醒自己："合则来，不合则去。"两人割席断交，分道扬镳，不如洒脱一点，既然选择形同陌路就断个彻底，可以的话也不要再谈曾经的交情，了结便等于归零。当对方是路人，就不会再出现狭路相逢的窘境，毕竟素昧平生的人怎么可能破坏得了自己的好心情。

从前，若遇到单纯的情感纠葛，没有实质利益的往来，我会选择闪躲或眼不见为净，这几年则把心力都用在了练习与人保持距离上。

偶尔会遇到朋友在聚会场合贴心提醒："威廉，待会谁谁谁要来，你会介意吗？"

"为什么介意？这是他的自由。"我会反过来托人提醒对方，因为只怕见了面而顾虑很多的人，是对方而不是我。

"我又没做亏心事，要躲也是你躲我，怎么会是我躲你？"若真遇见，我的口气必会如此理直气壮。

毕竟这辈子也再见不到几次了，所以我不愿留着心结面对不完整的人际关系。佛家说"力求圆满"，但我道行没那么深厚，要强说"圆满"太刻意，不如将其称作"了结"。留着疤痕来警惕自己，唯有放下，过去才能成为过去，未来务必顺从自己的内心重新开始，越不在乎，就能够越强大。

03 年少的我们早已死去，
此刻活着的是另一个人

头一次听到"时空胶囊"是因为《机器猫》，我和几个同学约好隔天把自己最心爱的东西带到学校，埋在花圃里，约好二十年后再打开。回家后我立刻翻出一个带提手的装蛋卷的红色铁盒，又从厨房拿来一个妈妈从百货公司买的漂亮瓷碗，心想放个二十年应该会增值。

接着，我挑了一张三岁独照放进去了，还放进了贴纸簿、第一名的奖状，甚至把歪脑筋动到了爸爸车上的黄乙玲磁带。就在一个风和日丽的下午，我鬼鬼祟祟地拿着小铲子跟红色宝盒出门。七岁的我们在土木方面确实没什么天分，埋完东西后微微隆起的土丘，看起来十分引人注目。

没过多久，"时空胶囊"就被当作失物退回到了我手中。

我对校园时光特别眷恋，直到上个月，我还做着高中生的梦。

教室里的各种情景，从毕业后应该梦到过不下百次，多半是开心的，而且会开心到哭，时常在醒来后发现枕头有湿湿的印记，拿起手机确认时光没停在二〇〇〇年，这才无力地起身梳洗，盯着镜子里成为大人后的自己，偶尔会非常沮丧。

高中的教室走廊外，是块半圆形的小空地，台南的夏天特别长，靠着几台吊扇根本无法消暑，还是会热得受不了，那一块空地恰好是正午的日头晒不到的地方，特别阴凉，那时候我与几个死党跷着脚躺在那儿，把课本当枕头，南风暖暖，大家一起想象着未来的我们会不会还那么要好。

曾经在校园里意气风发，所以长大后觉得要是没有一点成就，都不知道该怎么面对大家，于是**躲躲闪闪好多年，但是只要跟老同学见面，就总能在倒流的时空里得到能量，即使生活里遇到再难的事都可以克服。**

想见老同学的念头藏在心里好多年，多亏社交网络让彼此不管相隔多远，都能保持着联系；但我也挺遗憾的，网络交流让我们这十多年来已经忘记了真真切切地见上一面有多重要。

二〇一九年初，我决定让这场梦不再是梦。我按着毕业纪念册留下的地址，寄出五百六十张邀请卡，才有了那场相隔多年的

"返校日"。

凭着十七年前的旧地址,我用最老派的方式通知老同学们。许多失联的同学惊喜地出现,当天还特地跑来跟我说:"谢谢这场同学会,我一收到邀请卡就决定过来。"但当时要好的几个却没有来,E的工作性质特殊没办法休假;F在国外工作赶不回来;D虽住在学校附近,当天带着老婆小孩回娘家说会晚点过来,但我等了一整天,连个人影都没见到。

我独自坐在曾经头靠头的小空地,哪怕不愿谅解也得谅解。**各自分飞的日子里,老朋友的顺位早已重新排列,唯独我还不甘心地回望着十六七岁的我们,认定这份感情历久弥坚,而这无非是强人所难。**后来,我还会经常找老同学聚会,但是太久不见,反而有种像见新朋友的尴尬气氛,确实是再怎么热络,都不可能回到当初听见《情非得已》就同声齐唱的融洽状态了。

想放进"时空胶囊"的东西肯定是一时之选,可再怎么珍贵都是针对当时的,十年、二十年,甚至三十年后再拆开,虽然仍是黄乙玲的歌声,但歌曲早已过时;机器猫也不会一直是机器猫,此刻的它,叫作"哆啦A梦"。物会换,星会移,过去的事怀念就好,学生时代的友情就该封存在钟声回荡的时空,往后的人生大家若真有缘,不如从头来过。

在学校里，能认识到一个人最单纯的状态，但进入社会后人各有志，大家因生活方式跟价值观的不同，而塑造出新的人格，难免会让人失落。回忆是偶发性的浪漫，昨日重现不过是对现状不满意的幻想。

灵魂会渐变，

有多少悔不当初，就有多少言不由衷。

生命因此有厚度，这是每个人身上的成长。

当初的粗胚，塑成现在的模样，你都会变，更何况是他。老同学不等于老朋友，所以不如用新的态度处理旧关系，往后的日子里别再一厢情愿，其实也落得轻松。让关系回到原点，心头的条理就能清晰许多，**交朋友无关新旧，重视你的人才值得你重视。**要确定彼此是否站在同一个感情天平上，用平行的视线互相凝望着，这样的熟面孔才有资格住回心里头。

曾在一条线上起跑，各自往理想的方向奔去，有些人中途弃赛，有些人很幸运地能再度碰头。年少的我们早已死去，此刻活着的都是另一个人，面对后青春的人际关系，建议重新挑选队友，打一场名为"未来"的精彩比赛。

04 别高估
你跟任何人的关系

英国诗人约翰•多恩（John Donne）曾写下："没有人是一座孤岛，可以自全。"这句话对我影响很深，客居他乡的游子以江湖为家，时常受到别人的恩惠，于是养成积极回馈的习惯，想让善意循环，为人际交往增加安全感。

正因为得到的太多，所以每当身边的人有困难，哪怕与他仅有几面之缘，本着相识一场的态度，我都愿意倾力相助。可在我经历几次被辜负后，心里难受说不出口，却还傻傻地相信人性本善。看不下去的朋友提醒我，帮助他人也要救急不救穷，世间的人远超过千百种，面对没太多交集的人别做老好人。

朋友 E 因为租约纠纷，急着找房子，他原本规划明年出国念书，但新的住处又没办法只签一年的合约，我们平时感情不错，他就三天两头往我家跑，加上他跟我的几个室友都挺聊得来，所以我们有好吃好玩的总会头一个叫上他。后来不忍心见到他流离失所，我们几个讨论过后决定帮助他："我房间比较大，不嫌弃的话你可以来我们家住，等找到房子再搬。"于是，他这一住就是大半年，后来我移居上海，但台北的房间还留着，便让给他住。

在上海工作不太顺利，那时候，我突然想起 E 曾在北京待过几年，在媒体圈有些人脉，听说有家潮流杂志社在招编辑，恰好是他曾经待过的公司，我赶紧请他帮忙问到主编的信箱，想把简历送过去。

几天后，E 要我整理好简历和作品集并寄给他，他再转给主编，可是后来这封诚意满满的求职信却石沉大海。对方选择了另外一位没有相关经验的新手，那位新手恰好是我的老朋友 Y，君子要有成人之美，就算面对不如己意的求职结果，也必须大方祝福，我又猜想公司可能有其他考量，所以无奈地接受了这个结果。没过多久，我离开了那份不愉快的工作，颓丧地退回了原点。

多亏老天眷顾，我搬回台北的第二周就去了新公司报到，E 也因为正好有了不错的工作机会，决定把留学计划延后。这回换他去外地打拼，我们就此分道扬镳，偶尔出差或长假才会见上一面。

过年前，在外地工作、念书的人纷纷回到台北，我在一间酒吧巧遇了 Y，由于好奇那份无缘的工作他做得习不习惯，便问了问他工作的事，他的眼神有点闪烁，却不像夜场里的飘忽，多喝了几杯后，Y 突然抓起我的手臂认真道歉。

"这件事我压在心里好久了，一直过意不去，大家都知道你当时急着找工作，但 E 私下也要了我的简历，我就给了。"

"没事没事，工作本来就是公平竞争，一定是因为我不够格，你别太内疚。"

"不是这样的，这件事我一定要说，否则我一辈子都对不起你。E 根本没把你的简历送出去，只送了我的。"

听到这段话，我整个晚上喝的酒都醒了，还得故作大方地说："没关系，都过去了。"

但我心里可真过不去，我无法吞忍被亲友背叛的疼痛，于是向共同好友诉苦，将前因后果一五一十地交代清楚，想从第三方的嘴里听到安抚，看能不能点醒疯狂钻牛角尖的我。然而 E 知道后，却恼羞成怒，反过来指责我轻信谣言，质疑他的人品，这一出"求职门"越闹越大，我的本意是想求援，并非八卦滋事，没料到在朋友的眼中竟成了打小报告，背后嚼人舌根。我再度尝到了被出卖的感觉，便决定将这段友情一刀斩断。这件事对我是一次严厉的教训，往后我对朋友的定义变得更加严格。

成熟的交友圈必须存在信任洁癖，

求量不如求质，若对眼前的人存有一丝怀疑，

那么好意就该点到为止。

守住做人的基本道义，过多则常常物极必反。对 E 来说，当介绍人的事与我当年收留他的事，是一码归一码的，只是因为当初收留他的恩情被我自己无限拔高，最终换来了失望，这怪不得别人，甘心对人好，就不该期待回报。

虽然论起工作资历，我是 E 的前辈，但在生活里，我们两个人却是平行的。工作场合有高低之分，朋友跟朋友间的交流却应该是对等的，私人领域的人际关系无法延伸到职场，这道理就跟借钱一样现实，抽象的情感若要称斤论两，那么再纯粹的关系都终将变得复杂，友谊的裂痕往往来自落差。

在权力的世界里，每个人都是一座孤岛，拼命自我保全，当问题发生的时候，最坚定的盟友是自己，没有人理当站在你这边。

靠山山倒，能靠自己最好。别高估跟任何人的关系，职场最残酷的地方就在这里，不谈友情，不顾情分，或许你不是这种人，但不能保证别人不是。

05 成年人的关系虚实难辨，翻山越岭而来的感情假不了

有一次，我在综艺节目里听到主持人安慰一位女明星说："如果这个男的爱你，那么哪怕是上刀山下油锅，他爬也会爬过来找你。"她霸气的发言令人印象深刻，可惜我没有如此大的魅力能在感情中占得上风。不过，这段话我却一直记在心里，并用它来验证一段关系的虚实。成年人会保留的人际关系可以分成两种：一种是想要的，一种是需要的。有时难免汲汲营营，就算相识多年的朋友，也很容易因为缺乏利益输送，从而让这段感情转淡。没必要交往的朋友不必深交，但是老朋友究竟有没有常联络的必要呢？这需要我们去学习如何拿捏分寸。

面临人际的选择题，我特别在意主动性，

朋友再交就有，但自始至终都那么在乎你的人，

十分难得。

前年，母亲因罹患癌症，情绪陷入低潮，所幸只是初期，经治疗后逐渐痊愈，只是常年压抑的精神在病后爆发。有好长一段时间，她的心理十分不稳定，好几次把自己关在房里，拒绝跟家里人对话，时而愤怒，时而愁苦，任谁也没办法劝解。

那段时间确实挺难熬的，她为数不多的笑容是在见到她口中的好姐妹时露出的。她们小学毕业后先后进入纺织厂工作，几个青涩的少女朝夕相处，住在同一间宿舍分睡上下铺，大半夜躲在蚊帐里抢读隔壁寝室的情书，想家的时候就一起哭，出嫁时是彼此的伴娘，还说好将来要出席彼此孩子们的婚礼。

母亲全心为家庭付出，三十多年来，父亲的事业起起落落，母亲始终守在他的身边不离不弃。我时常陪她翻看旧相册，指着合照里那几张凑在一起的小脸，细数每个姐妹的脾气，少女时代的欢笑在泛黄的画质里依然娇俏。过得好不愿张扬，过得不好更不想打扰，心思如麻的母亲，就这样跟她们失联了。

多年来，我们搬过两次家，电话也变了，要联络上其实非常困难。直到其中一位阿姨准备嫁女儿，为信守当年承诺，亲手向母亲交付孩子的喜帖，她坚持要找到母亲，于是循着旧地址挨家挨户地问，几经打听才问到母亲现在的住处，这位阿姨登门拜访的那天我不在家，但可以想象那时母亲内心有多激动。

事后才从母亲的口中听到："之前那群同事找到我了，真的很有心。"她的眼角泛着泪光。

几年之间，母亲的生活有了很大的改变，朋友的出现让她们有了说不完的新事旧事，也带给了她很多笑容。母亲原本总是封闭自己，平时就只跟几个亲戚街坊往来，而现在回到家，却能看到她戴着老花镜，忙着回消息的样子，她还会存下一堆搞笑视频和表情包，只为在她的"好姐妹"群组里分享。

女人之间的友情是很微妙的，不管经历多少难堪的争吵跟对立，终究都想和好。时间带给女人故事，故事磨炼出她们更强大的包容力。纵使前方的路再黑，她们也愿意互相揽着肩膀。**那种上厕所也要陪着对方的情感，被扎实地种在岁月里，微小而又巨大。**

成年人的世界是孤独的，能存在于生活里的安全感少之又少，我时常因为人跟人之间感情的真假难辨而感到困惑且灰心，几次付出真心得不到回应，想往老朋友的怀里躲，却发现两人之间隔着千山万水。想约一顿晚餐都一波三折，时间久了，便习惯了报喜不报忧；但总会有几个人能察觉到我再细微不过的负面情绪，让我拥有被重视的感觉。哪怕是一整天有一百个会要开，他们都能用见缝插针的巧劲，百忙之中抽空和我聊聊近况，我那稀松平常的喜怒哀乐，却是他们在意的事。

朋友是来了之后，再也不会离开的人，没有先来后到之分。
比起死别，生离未必会让人感到好受，从前我总害怕分开，深知
一声"再见"过后，未必能够如愿再见。现在反而能看开，照着
想要的步调生活，不再刻意为谁等候。我把心门敞开，别人要来
便来，我相信真心的人自然能够相互靠近。

哭哭啼啼的人终究还是要长大，此刻的我，终于能用比较豁
达的态度看待聚散，**久别或许是一道淬炼的过程，能把人际圈里
的杂质过滤掉。**想念你的人一定是对你用心的，因为愿意把所有
事情排开，为你多留一点时间的人实在不多。即便哪天行动不便
必须要拄着拐杖，都肯翻山越岭而来，只为与你并肩坐着倾听的，
才叫值得留恋的真感情。

06 欢场无真情，
交朋友得在光天化日之下

　　北漂岁月里最迷失的一段时间，我连续好几年都让自己泡在酒精里，把夜生活当成精神寄托，每个礼拜都必须去夜店疏解情绪，让精神得到救赎。以前还是年轻啊，赚了一点钱就去挥霍，还以为只有在夜店那种地方才能有社交生活，能在里头捞到一点虚名跟好处就沾沾自喜，以为喝到醉，醉到不省人事就是成年后自主性的表现，于是有好长一段时间我都是这么生活的。

　　尤其是初来乍到的异乡人，独自生活在陌生环境里，社交忧虑就会格外明显，于是他们沉迷夜生活的热闹喧嚣，以为眼前的世界就是全部的世界，可事实上，昏暗空间里的五彩灯光，往往是华丽的幻觉。等到了某个年纪，发现在夜店这种地方建立的人际关系就跟夜生活的种种一样，很容易消失，如吸血鬼一般，被太阳照到就变成一阵乌烟散去，不留痕迹。

　　通常，说着"我以为我们关系很好"的这类人，多半是在夜里遇见的，多喝几杯，心事埋得再深都会翻出来坦诚相对，煽情地说"相见恨晚"，但很奇怪的是，如果白天再碰到，打一声招呼，可能都有种说不出的生涩。甚至哪天遇上麻烦，翻遍手机里的联系人，手指对准拨号键却始终按不下去。我们总是和别人来往很久，却换来一段连自己都不确定的关系，虽然很不想称这些人为"酒肉朋友"，但我们真真切切地明白，大家就是在玩乐场合认识的。

我向来习惯将朋友进行简单的二分，是朋友、不是朋友。但这样简单的想法，也逐渐如泡沫般碎裂。经历了一次次的拉扯与崩溃后，我慢慢理出了新的头绪，并且学习将朋友分类。果真，一脚踏进社会后，就要先学着现实，你若不有学有样，用眼色作为防备，就只能等着被狠宰。

我决定考研究生的那个暑假，补习班的报名费是几万块钱，当时家里的经济状况不好，对于我这样一个穷学生来说，毕业制作的参展费、学费、生活费、房租、补习费，就像一个巨大的黑洞。钱的问题太敏感，没办法对太多人开口，只能在网络上默默地抒发自己沮丧的心情。

某晚，过几天就要交补习费的焦虑正让我彻夜未眠，朋友 T 主动和我聊天，并表示很关心我，我好不容易抓到一根"救命稻草",便一股脑儿地把重压心头的烦恼全都倾倒出来,权当安慰。谁知过了两天,T突然发来一长串的消息:"知道你不喜欢接受好意,但我有存一点儿钱,原本打算明年出国念书用,如果你有需要可以先借你应急,之后有能力再还,不要觉得有压力,我相信你一定会成为很棒的人,如果能帮上忙我会很开心。答应我,你要加油。"

多年过去,我想起那条消息仍会掉泪。好几次,拉我走出人生低谷,陪着我撑过去的全是平时疏于联系的普通朋友。

同甘,但不愿共苦的大有人在,

觥筹交错的状态会让人失去判断;

界定朋友的种类时,保持清醒有好无坏。

某天,认识了一个来台北工作的新朋友,他问我:"大城市的人很现实吗?是不是都不愿真心相对?"每每遇到同样背井离乡的小孩,我总忍不住叮嘱,趁着对方还很单纯,赶紧用自己过往的经验提醒他:**进入社会之后应酬是难免的,遇到能够信赖的好人少之又少,欢场里的人是为了你的一张脸、你的名字而来的,有所企图的交际不叫真感情。**

夜晚的社交圈其实不是绝对可怕的，但在社交前要先做好功课，知道建立在追求快乐之上的人际关系一碰就碎，稍起一点波澜就能吓跑对方。震耳欲聋的花花世界里没有深刻的交流，只是求个热闹而已，多一人少一人其实没有多大的差别，还不如三五好友约在可以听得见对方说话的地方，就算没有酒精催化，气氛也可以很热烈。从转换场域中训练人际敏感度，知道哪一段关系是轻，哪一段关系是重，和谁是萍水相逢，谁又打算在你的生命中常驻。

说回补习费的事，后来我心领了这份恩情，因为本就不该让金钱往来破坏友谊，所以我婉拒了 T 的好意，但这件事我一直惦记到现在。要知道有些人没办法总是陪着你嬉戏玩乐，但他却总是会在阳光灿烂的日子里，安安静静地等待着与你相聚的时刻，别无所求，但求你好。

01 心直口快，
在成人世界也是一种恶

前室友 N 长年在北京工作，要见上一面可不容易，年前趁着她回台北过年，我们相约在一间火锅店围炉话当年，聊起曾经窝在客厅的破沙发上，盖着小毛毯看烂片看到睡着的温馨往事，在微寒的一月天里显得特别暖心。当时的我们，都还是苦命的小上班族，月底穷到哪儿也去不了，大伙儿待在家的时间比较多，麦当劳的套餐可以分着吃一整天，有种漂泊在外的人同甘苦的幸福。

"K 还在北京吗？"

"几乎没联络了，你有消息吗？"

K 的工作是服装造型师，对美有一定的眼光和标准，但他却把批判的习惯带到生活里，一见面便开始对人品头论足："你这裙子哪里买的？好像酒店小姐。""你其实长得蛮好看的，但是不是可以考虑去整一下莲雾鼻？""这包包好好看哦，可惜不适合你。""你今天擦的香水，怎么有公厕的味道？"从发型、穿着、说话语调，细微到连指甲颜色他都喜欢发表意见，身边的朋友无不练就一身一笑置之的功力，因为多做回应只会换来更毒辣的评论。

聊起曾经同住的K，气氛突然沉重了起来，正如他施加在别人身上的粗暴言语，谁都不愿多做回应一样，大家也不想花时间讨论他好或不好。每次有他的聚会都像综艺节目似的"吐槽"彼此，你一句我一句，仿佛随时有摄影机在对着拍，但生活不是节目，**不需要有那么多的综艺效果，我们都不是艺人，没有求关注的压力，而且玩笑开久了总会"擦枪走火"。**

某天，我的工作出现了问题，当天被告知公司决议资遣，我的心情差到连一句话也说不出来。朋友硬把我拉出来，安抚我说："你一个人在家会想很多，不如来跟我们聚聚，有人陪着应该会好一点。"刚一走进咖啡厅就看到K远远地指着我说："你看起来好倒霉，发生什么事了？"

同桌友人对K使了个眼色，小声地交代刚才在公司发生的事，没料到他把音调提高："你被炒了？"我不想因为生气而煞了众人风景，于是提前离席，回到家后收到一条信息："别跟他计较，他这人就是'刀子嘴豆腐心'。"

离职的消息快速传开，朋友们发来的信息一整天都回不完，而且每回应一个人，自己的情绪就上来一次，后来我索性把手机切成静音，打算过一阵子等心情平缓一点，再向关心我的人报平安。跟我交情不错的前同事中午突然打来电话说："你在公司吗？我刚好到附近开会，一起吃个午餐。"她的午餐几乎没吃，一直在努力倾听、安抚、鼓励我，还主动说会帮我多留意业界职缺，要我别太慌张，先休息一阵子。临走前还不忘帮我重建信心，那一个小时好像重新燃起了我对生活的信心，我甚至坚信，再站起来的时候，自己一定会变得更好。

成人世界并非容不下批评，但若是过于恶毒，即使对方有着"为你好"的心肠，都无法将他视为善良。

像 K 这类过度直言到没有眼力见儿的朋友，会给人带来人际负担，不管与他交情有多深厚，都会想第一个疏远他，甚至都不想和他说话。**只要有人买单，言语霸凌就会持续存在，最好的反制方式就是将其边缘化，让老是语带讽刺，习惯揶揄的人失去说话权。**第一时间送出"软钉子"，让对方知道这样的说话方式不讨喜，如果再出现这样的情况，就不予回应。建立在伤害他人自尊之上的直言不讳，不叫幽默，而是刻薄。

当交友的经验日渐成熟，慢慢就能看穿口无遮拦跟直爽是两回事。想要真心和你交往的人，绝不会拿言语来当感情的试金石，当时的玩笑再次回想只觉得惊悚，K 喋喋不休的表情时常会浮现在我眼前，像一面镜子般，让我明白了没征询他人意见却自以为是的批评，会让别人感觉有多不舒服。

美国 20 世纪 60 年代的嬉皮士为表达反战诉求，发起了"权力归花儿（Flower Power）"运动，军人拿枪对着手捧鲜花的年轻人，剑拔弩张之际，年轻人将手里的花插进枪管，柔性诉求"爱与和平"。喋喋不休的嘴巴就像装着一把枪，而那些温柔的、明理的、善解人意的话语就是花朵，让战争平息的最好方式，就是为这些人献出一朵花。

肺腑之言只要有一点伤人的成分，便不如默不作声，一句话有很多种说法，睿智的人懂得察言观色，并给予对方尊重，想什么就说什么是绝对不会有好结果的。身为观众，看着屏幕上的艺人互相"吐槽"揭短会觉得很有趣，但谁都知道那是逢场作戏，将场景拉到现实生活里，要是身边有几个"毒舌"的人，一定会很不舒服。心直口快在成人世界也是一种恶，懂得分寸的人会让自己成为善的源头，让花香盖过枪膛的硝烟味。

曾以为把朋友用小团体"圈"起来，拉到群组就能一辈子

　　每当我翻起一张张旧照片，都会发现有不少合照已变成了回忆。所谓变成回忆，是因为画面里那几张笑脸貌似亲密，如今却变得陌生。曾经的一群朋友，已经不能再一起经历指着相簿回忆青春的人生阶段了，这令我唏嘘不已。仔细回想发现，我们这群人变成"小团体"的那段日子，我所受过的伤全来自过分投入。

　　人是群居动物，只有极少数能够遗世独立又活得自在，谈起"小团体"总让人又爱又恨，过往我也在聊天群组几进几出，却始终没办法来去自如。我也曾想过要以孤鹰的姿态独来独往，可惜注定潇洒不了，有好几次拖着疲惫之心黯然退群，不是惹一身腥就是一身伤。

　　刚到一个陌生的环境，成群结队是最快得到安全感的方式，在学校相对单纯许多，无论关系好坏，拖不过毕业，一段关系就会成为定局。**但进入职场后，我则是"雷达全开"，刻意避开派**

系之争。与其选边站，不如埋头苦干，不做多事八卦之人。

多数的"小团体"是由情感脆弱的人组成的，依赖的背后是害怕。

要彻头彻尾感受"小团体"的甘苦，得把时间往前推，回溯到初入社会，正值二十二三岁，刚要开始一段新生活的时候。头一年通常是公司跟家里两边跑，刻意跟同事保持距离，假日偶尔跟老同学聚聚会，互联网的存在让我不至于寂寞。

当时这城市对我来说还很陌生，扣除零星几个家住台北的大学同学，严格来说，一个熟人都没有。因缘际会下，我在某次聚会上认识了几个新朋友，相处得异常融洽，不能说一见如故，也可以说是笑点哭点都有共鸣，于是就此与他们之间产生了引力，慢慢将飘浮状态的我拉回地面。

那时候我们就像谈恋爱，总想每天都能见到对方，就算无聊也要赖在一起；不久之后这帮人变成了固定班底，到哪儿都同进同出，大家之间有着彼此才懂的手势跟暗号，自然而然开始用"我们这群"来代称。几次喝高兴之后，我们这个群体开始有了名字，一个想要所有人都必须认得的名字。

32

赖着一群人的生活像手拉着手兜圈，彼此就这样原地转了好几年。与其说是"小团体"，不如说成是"情感信仰"，认定人生有这群人就足够，只要我们彼此支撑，就能顺风顺水地过完这辈子。但相处的过程中毕竟有爱有恨，最后，这段关系禁不起时间的冲刷而崩解了，离开了结成"小团体"的时空，友情渐渐失温。

　　那几年，我的内心异常脆弱，一有风吹草动就感觉快要崩塌，谁跟谁失和避而不见，谁和谁又不知道怎么了，明明与我无关，还是拼了命去和朋友维系关系，三不五时陷入恐慌，甚至担心被排挤而提心吊胆。把所有安全感都放在同一个地方，不是好的人际策略。

没有一辈子的朋友，
只有记得一辈子的人。

　　一点开社交软件，滑过几个仿佛被切成静音的群组，群里失去了无话不谈的气氛，我不知该不该退出，时常看着旧合照回想着当初形影不离的日子，而如今感情却慢慢淡去，淡到再遇见也仅能寒暄几句，很难不感伤。可感伤无济于事，倒不如把一次又一次组成的小团体看成一场场旅行，明白大家曾有过共同目标，也清楚总有一天会朝着各自的理想远去，注定分道扬镳，如此便可以成熟以对。

想起一部韩国电影《阳光姐妹淘》（*Sunny*），内容叙述七个感情要好的中学女生组成"七公主"，说好永不分开。然而事隔多年，断了音讯，再见面时已不是当年单纯的七个人，她们各自经历了不同的人生，有人意气风发，也有人失意落魄。

故事最后她们参加大姐春花的葬礼，为实行遗嘱，她们必须在灵堂前重跳当年校庆时没有完成的舞蹈，几个中年妇女尺度全开，跳到忘我，笑容还是二十五年前的那群小女生，让看似破碎、现实到刺痛的故事拥有了一个温馨的结局。

要知道喜欢同一件事，讨厌同一个人，远不及互相提醒、成长的关系来得坚固，喜好是会改变的，再强烈的感觉都将随着时间淡去。你觉得分开可惜吗？从前的我肯定会说"是的"，但现在的答案却并非如此。只要各自安好，再聚首的时候，不见得要谈近况，能笑着聊从前就是幸福。

时光越向前走，人生会越来越沉重，希望朋友能跟在自己身边一辈子太强人所难，再辉煌、再热烈的时代终将过去，人来人往是自然法则。让"小团体"变成一个安心的角落，当你在生活中受了委屈，就往里头躲一躲，等待复原后再回到各自的生活，切记，这里是停靠站、加油站，而不是你人生的终点站。

09 不在乎你的人总伤你的心，在乎你的人总为你伤心

　　曾有一群老朋友共同在欢场出生入死，像电影《台北晚九朝五》的真人版，几个人从学生时代就贪玩成性，进入社会后体悟到生存困难，懂得人生不能只有玩乐，之后一个个幡然醒悟。R是我们这群人里的派对女王，玩心丝毫没有被日渐衰退的体力牵制，工作始终平平，但私生活却是并非一般人可以想象的精彩，我劝过她几次要多替未来打算，但日子渐渐被工作压得死死的，没太多时间操心其他人的事，久而久之，和她的互动也少了。

　　有一次，我们早早约好在一家餐厅吃饭，R明知和我们有约，前一天还喝酒喝到第二天早上，我们不用猜就知道她一定是宿醉到了懒得出门的地步，拖到最后一刻R才在群聊里说自己不来了。我直接把R数落了一顿，她恼羞成怒，开始反讽说我人缘差，见不得别人好，平时没人约才"巴着"这顿饭不放。这些话摆明就很伤人，但气归气，我还是提醒她说话要给彼此留点余地。

当天晚上，T 特别打来电话表示关心，虽然我和 R 的感情早已不如从前，我其实大可不必理会她，但却气不过自己满心诚意，换来的却是无礼的对待，而且类似的事件已经不是第一次发生了，于是我便把这些年所受的委屈全部宣泄了出来。感谢 T 的关心之余，我也不忘提醒 T 透过这件事去认清 R，让他自己心里有个底，免得有一天也被这样对待。

没过多久，朋友发来一张截图，是 R 发的一篇文章，暗指我人品有问题，口气极度失控，我立刻打给 T 想理清过程，想知道 T 究竟说了什么才会让 R 再度如此。起初 T 矢口否认，直到我点出有些事情我从来没对别人说过，但为何会有第三个人知道时，T 才慌张地说："我只是想关心你，别把气出到我头上。"

"难道你不知道传话的杀伤力吗？两个正在气头上的人，况且都是你的朋友，你这么做无疑是火上浇油。你究竟是想劝和，还是想让我们两个人决裂得更彻底？"我反问他道。

"我不知道事情会变成这样，她是很重要的朋友，我才选择据实以告。"

"所以我不是重要的朋友。"

暗刺虽痛，痛不过扎进旧伤的瞬间，长期不被在乎的感觉浮上台面，让我开始质疑自己的择友标准。那一阵子我总是闷闷不乐，其他朋友察觉后，把我拖出去想问个清楚，他们觉得我聚会时总是一言不发的状态很令人担心，我支支吾吾地把多年不被当成一回事的苦水交代清楚后，丧气地问："我是不是一个很糟糕的人？"

眼前的几个人拼命地想把我的负面情绪转正，摇着我的肩膀说："你还有我们啊。"听到这句话我豁然开朗，**以前我不明白我多年来的好心为何总是被恣意挥霍，如今从处理这次纷争的方式和立场来看，答案其实已经很明了了。**

真正的朋友护着你都来不及，

怎么可能让你受伤，还要再花时间安慰你，

这多不科学啊。

我已经不年轻了，彼此还愿意往来的朋友，都是对我而言尤其重要的人，我的心里放不下嫌隙，于是决定做个了结。"你的好意我要不起，留给别人吧，保重。"发完这条决绝果断的信息，就把他们的联系方式删除。往后笑骂由人，每当听到他们的消息，我都只是礼貌性地说："我并不想知道这些。"

为了将一段关系从生活里剥除，我会封锁、删除、传话、宣誓……有时候做完这些，对自己喊完口号后，又觉得自己好窝囊，这种处理方式其实没有潇洒到哪里去。"不在乎你的人总伤你的心，在乎你的人总为你伤心。"其实是我批踢踢[①]账号的个性签名，写在十七岁那年。过了三十岁的头几年，我的人际关系进入了断舍离阶段，明白了哪些人该留，哪些人该放，回过头再看这句话，仍然深有感触。

我今年三十有六，即将奔四，对朋友的态度已非常淡然，几乎不为任何人动摇。人际关系中不需要大悲大喜，还能拥有彼此就是一种安全感，不需要执着到底谁比较在乎谁，小情小爱不打紧，最重要的是长长久久。

不想因谁而伤心，更不需要谁为我而伤心，真心的朋友，从来就不必花太多时间刻意维系。再回头读一次那句话——"在乎尔尔，伤心尔尔"，突然觉得煽情倒显得有点尴尬。

---

① 批踢踢：台湾的电子布告栏，全名为"批踢踢实业坊"，简称"批踢踢·PTT"。

10 不是什么忙都该帮，特别是感情上的事

当提起有些人的名字时，我们在脑海中会突然搜不到形容词来解释这段关系。说是"好朋友"也谈不上，但也并非"只是认识"那么简单，奇怪的是，明明与他没有过正面冲突，却因一些小事而渐行渐远。于是，基于成年人社交时该有的优雅姿态，只能淡淡地说："我们曾经很好。"

不说能够为朋友两肋插刀，但朋友有困难时，若是愿意开口，哪怕是洗澡洗到一半接到电话，我都会赶紧把身体擦干，随便抓一件衣服跟裤子就出门。朋友愿意找我帮忙，想听我说话，都会让我有种幸福感，心脏仿佛有无数只手捧着，感觉暖暖的。

"你睡了吗？"话筒里有很重的鼻音。

晚上十二点多D打来，应该是刚哭过，一点风声、一点汽车的引擎声，配上平均三秒一次的呼气声，细细碎碎地从听筒里

传来，大半夜的，拼凑起来还挺吓人。我慌张地从床上弹起，赶紧问："你人在哪？"D的声音要哭不哭，缓过长长的一口气，平静地回道："我跟那个人分手了。"

"把地址给我，我现在去找你，你先不要乱跑。"

我一把抓起车钥匙和钱包冲下楼，因为之前有过朋友寻短见的可怕经历，所以我明白要尽可能和她保持通话，确保认对方的情绪不至于失控，并承诺会尽快出现。从天母骑到公馆，每停一个红绿灯就发一则消息请她再稍等一下，原本半个多小时的车程，我十五分钟就赶到了。一到那里，就看见D呆坐在打烊的书店门口，吐着烟圈，气氛肃静到让人不知所措，我问："你还好吗？怎么了？"

D用四个小时抽完了两包香烟，她跟我讲述她前男友用多么拙劣的手段欺骗她，以及尺度大到需要捂着耳朵听的出轨故事，偶尔穿插我抱不平的怒骂声，我就这样陪她坐到了天亮。凌晨六点多，人声逐渐鼎沸，边走边拍手的老人三三两两经过。我强忍住呵欠，D似乎轻松了许多，不好意思再拖着别人聊失恋，于是我们拥抱后道别。

当晚，D在网络上发出一张跟男友吃饭的照片，显然已经和好。我给她发消息问她是否一切都好，收到"嗯嗯"两个字。之后好一阵子她都无声无息，直到有一天，我收到她男友的警告，意指我嫉妒他、暗恋 D，见不得别人好而煽动他们分手。我急忙打电话给 D，才知道两个人又吵架了，甚至迁怒于我。若论地位，我只是个局外人，却卷进他们的"八点档连续剧"，最后我百口莫辩，被迫道歉还要负起挽回 D 的责任。

这出戏在我这里上演过三次，最后我不得不拒接 D 的电话，发消息也尽可能敷衍，她男友到后来非常神经质，一和她产生口角就认定是我又说了什么。但其实我从不主动联络 D，就连这些内幕都是她自己告诉我的，也没问过我想不想听。实在忍不了背黑锅的委屈，最后我直接向他们表明："请你们别再来打扰我了，谢谢。"

感情事等于家务事，况且，正在情绪上的人根本听不进别人的劝，强势的人着急发泄，软弱的人只想求得他人关注。不如就让对方自作自受，练习承受也练习复原。

别人的感情好坏是他们自己的事，与你无关。
而自以为是，插手毫不相干的事就叫：

"自找麻烦"。

有再一就会有再二，有再三就肯定没完没了。又有多少人能忍耐、包容非亲非故的人三番五次的情绪轰炸呢，甚至在轰炸过后连声谢谢都没说就离开，你平稳的生活就此翻覆，而对方却回到前任的怀抱里疗伤，上演"还是想爱你"的戏码。

朋友之间的关系就算再亲密，遇到感情问题，也要记得只给安抚就好，尽可能多听少说，甚至只听不说。情火攻心的时候可没人想听真话，你的主意再好也没有用，朋友向你诉苦时，你只管当他的树洞，让所有的声音有去无回。不然调解未成，还会被扭曲成是你煽风点火，他们两人吵架的时候，你苦劝过的话被毫无修饰地引用，会令双方情绪都到达燃点，朋友还很有可能会在吵架时强调："××也这么觉得。"无端被拉入他人感情的内部斗争，最后被迫变成当事人，被逼到死角，朋友却见死不救。

扔掉无谓的担心，既然选择去爱，就得要有产生冲突的心理准备，感情的甜蜜与痛苦是一体两面的，没理由只管享受却不承担折磨。谁不是这样靠自己撑过来的呢？把难题丢给朋友硬要拉着别人一起扛，这种做法太过自私。总是将负能量拼命地向你倾倒，却不照顾你情绪的人，就任由其离开吧！

11 朋友是张标签，
一张白纸是最好的社交状态

如果人名可以是形容词，那么，是"谁的"朋友这件事就变得很重要。

某年中秋，因为出刊时间延迟必须要盯紧进度，我奉命留守公司，与印刷厂确认到最后一刻。一回到家，撞见舍友 T 正要出门，拉着我去跟他的同事一起烤肉，满场半生不熟的人的聚会让人有些却步，有几个人我见过、叫得出名字，而多数人连听都没听过。奈何拗不过满街的烤肉香，而且到人多的地方练习社交，也强过一个人在家吃外卖。

因为我们到得比较晚，现场气氛已经很"嗨"，大家都知道我是 T 的室友，所以特别友善。怕我无法融入，几个比较贴心的新朋友还轮流招呼我，又是倒酒又是夹菜，一群人要玩游戏的时候，还会特别小声地确认我想不想加入，不忍心看我落单。有个嗓门很大的女生眼神迷茫，好像几个月前在酒吧里见过，人海

44

里我们如偶像剧般四目交接，她大吼出我的名字。

"威廉！你什么时候来的？"

"来了一会儿了，原来你记得我？"

"我当然记得啊。"

"我是 L 的朋友。"

"哪个 L？"

"一个眼睛圆圆大大的男生，做设计的。"

"原来是那个 L 啊，你怎么会跟他混在一起？"

见话锋不对，我婉转地打探原因，这女生还没有醉，她个性直率但并非是会恶意中伤别人的人。我的长相不是太有特色，常常要见两次以上才会被记住，因此习惯用"某某的朋友"来代称自己，试图唤醒对方的记忆，从没有想过这样有何不妥。她告诉我 L 的风评很差，表面看起来很有礼貌，但喜欢占人便宜，没人欢迎他，若不是因为我是 T 的室友，自称为 L 朋友的人她肯定不会接触。

原来朋友是一张标签，

和谁一起就容易被归类为同一种人，

是好是坏可不一定。

我眼里的 L 似乎不如她说的那般邪恶，L 确实喜欢耍点小聪明搏好处，但不至于罪大恶极到必须拒绝往来。回家的路上，T 解释着说每个人判定善恶的标准都不一样，**要知道无风不起浪，只有一个人这么认为可能是偏见，但多数人看法一致就表示或许真有其事。**虽说不要从别人嘴里认识一个人，褒贬因人而异，但从另一个角度去了解他人对一个人的评价，也算资料收集，当问题发生时能帮助你窥透盲点，毕竟人心难测，多少提防着点不是坏事。

果真，L 的"吃相"越来越难看，哪里有好处就往哪里钻，看谁得势就接近谁，甚至还会耍一些小手段，故意出门不带钱包，让别人帮忙付钱，口口声声说下次给，但下次还是忘记。朋友们到后来也不想计较，就当成是请客，只是这种装傻的次数一多，难免落人口舌，仔细想想，那个女生还真没说错。

我曾受人之托，他们的用人单位急着招人，问我有没有合适的人选，我身边正好有人在找工作，便介绍了双方认识，双方聊得不错，看起来是个双赢的局面。然而入职后出现了问题，介绍的这人出勤状况不好，用人方私下找我抱怨这位新员工的能力达不到公司要求，要我帮忙想办法，最后还把气出在我身上，暗指我眼光不好，没有把关就贸然把人推荐给他，我终于不耐烦地回道："有没有搞错，包介绍还要包售后。"狠话一撂，跟这个人的关系也就结束了。

人啊！一到陌生环境便没有了安全感，会下意识地找标签往自己身上贴，好像自称是谁的朋友就会强大一点。这种行为其实很愚昧，为何不能安安分分地把自己摊开，无痕模式是再好不过的社交技巧。

12 生活像场战斗，但不需要胜负

在一次校园座谈会上，有位穿格纹衬衫、戴着金属框眼镜的理工科男生，以学霸之姿举手发问："老师，什么样的人适合一起做毕业专题？"他的问题没头没尾，我理清他的疑惑："你是想问什么样的人格特质适合合作吗？"他猛点头。大三上学期就开始踌躇毕业专题，肯定是求好心切，对成绩有企图心的人。我告诉他：**"若想拿高分，找厉害的人，不如找可以沟通的人。"**

谈到组队，人们总会下意识地找强者一组，但赛事跟职场不同，分胜负跟成大事的做法也不同。好队友得靠默契培养，对能力有自信的人多半比较强势，团队只要有两种以上的主观意见，就得花更多的时间成本磨合，间接拖垮效率。想把事情做好就得花好几倍的力气，若是无法沟通也不愿理解对方，就会导致四分五裂，成不了事。

到新公司上班的第一个月，因为想把第一步踏稳些，我提出了多达八页的大型企划，针对商务男士的夏天搭配做了一系列的专题报道，找了常合作的发型师、化妆师跟模特，素质都是一时之选。我对自己的处女秀格外慎重，特别央求熟识的摄影师 G 拔刀相助，他当时已经是国际广告、时尚大刊的御用人选，凭着多年交情，对方还是很有义气地答应帮我掌镜拍摄。

拍摄当天的气氛还算融洽，几个老朋友有说有笑，模特儿甚至摆出几个夸张的动作，G 很满意，但我从电脑里看到的画面跟企划差太多，便跑到镜头旁边说："待会可以帮我试试原本设定的动作吗？"没想到先一口拒绝的是 G。我脸色一沉，努力说服他帮我拍几张或许呆板无趣，但符合规格的照片，好用来交差，至于前卫的照片留着放在作品集里就好。

他请助理拿出脚架把相机架上，快门胡乱地压，一边按一边故作无奈地看着我说："你要，我可以拍给你啊。"现场所有工作人员都傻了，不管他名气再大，美感再强，但我才是版面的主导者，照理来说我更是他的客户。为求顺利收工，我选择退一步让场面得以收拾，但那是我最后一次跟 G 合作，打那之后，我们的关系降到冰点，往后见面都只是用官腔在虚应彼此。

打定主意想掌舵，

就必须把合作对象换成助攻角色，

一艘船不需要两位船长。

　　合作对象的能力不需顶尖，但需要不花太多力气就能理解对方的目的。这样一来，就算成果不尽理想，偶有偏离，也能随着大环境的浪头缓缓推进。遇到意料之外的情况时，有默契、有共识地解决问题，会比有各自怀持远大目标要来得实际。

　　工作时，大家都喜欢跟有才能、有理想的人相处，但太有才华的人凑在一块，若没有第三方的领导，肯定谁也不服谁，更别说要把事情做好。一山不容二虎的道理不难懂，一群很有主见的人很容易各自坚持己见。切换到生活场景，**那些总是爱比较、处处不相让的人，和他们相处久了其实挺累的。强势是很不讨喜的特质，我已经过了怕得罪人的年纪，想将关系的主导权拉回自己手中，自然会优先淘汰强势的人，没必要就不用特别联络。**

　　但是在职场上，和强势的人来往是一件很难避免的事，但我一直在做智商跟情商的平衡修炼，真正有智慧的人不会追求平时的表现，而是能在适当的时机，提出解决方法，其余时间能够如水一般负重前行，成为推船入港的助推力就好。让平静的心境悄然地渗进生活里，于是赢过别人就不那么重要了，因为要赢过昨天的自己就已经够难了，盲目竞争的人格局肯定不大。

人生需要咬紧牙关，奋力拼搏的事情永远也不会少，在花了过多力气跟别人一来一往、激烈拉扯后，还得要尝试拥抱，展现气度，实在是一件太过费神的事。越强势的人越需要跟他保持距离，不然再成熟的关系也禁不起成天斗争。

"择善人而交，择善书而读，择善言而听，择善行而从。"择善而交是智者经营人际的方式，"善"绝非是强的意思，而是任何能带来正面意义的人、事、物，纵有缺陷仍能相伴同行。社交中最理想的状态是找到个性互补的伙伴，可以互相从对方身上学到自己所没有的长处，用最温柔的方式切磋、成长，透过与人的交流来成就更好的自己，这才是最好的相处之道。

13 没办法一起好好吃顿饭的人，称不上是朋友

通常会说我难搞的人都是熟人，"好好先生"的外表成了我的"原罪"。在杂志社工作的那几年，常有同业饭局，当时我的资历尚浅，撑不住那种大场面，说话直来直往，在讨论业界生态和对人对事的观感时，几乎是有问必答。还经常听不懂前辈"挖的坑"，好几次栽进去之后还沾沾自喜，但是当场失言事小，背地里被传话才叫可怕，回想起来，无心之言只怕是树敌无数。

没想到吃饭的学问那么大，简短的聊天却变成一出宫廷戏。交际场的复杂程度远远超乎我的想象，让我一度闻饭局而色变，一想到要跟半生不熟的人，用满满的表演填充原本该轻松的饭局，就恨不得马上逃走。为此，我还特地去搜索和学习了餐桌礼仪，生怕自己一不小心留下了话柄，让公司蒙羞，直到将私生活和工作切割开后，状况才慢慢好转。

初到陌生之地，人际圈从零到一是最痛苦的过程，搬到上海

的第二周，旧同事怕我这只孤鸟没办法安稳落地，就为我牵线认识了一个同是从台湾而来的C。在酒业工作，生性爱玩的C，很快地把我拉进一场同乡聚会，新开的涮羊肉店气氛热烈，听着众人分享最近发生的事，就可以感受到在场的人彼此熟识，而我怯生生地卡在里头，明显是个局外人，这种为了需要人际关系而主动交友的感觉忽然变得很熟悉。

当时二十七八岁的我，人生好歹有些历练，不容许自己像只鹌鹑般无助，所有陌生场合都像是人际关系学习的成果发表会，我决定拿出胆量跟气势，主动与人攀谈，但还是多少显露出了不自在。过了一阵子，C问起我的近况，想再约一些人与我认识，我婉拒好意，并且把当时的心情一五一十地告知。

她安抚我万事开头难，认为我把一顿饭看得太复杂，并非所有流动过来的人际关系都得全盘接收。交友没有绝对值，把握时机给别人留下好印象，有好无坏，比学习防守更重要的是练习识人。

她不想让我落单，好心拉群帮我融入的行为很令我感动。但没几个人能快速融入新社交圈的节奏，若非社交型人格，就多少会对陌生人有着一定的防备心，所以就算得到新朋友的联系方式，肯定也不会真的联络。一对多不如一对一，要跟一整场的新朋友联系实在太难为自己，一次聚会能收获一个聊得来的人，就算不枉此行。

被动的人注定孤独，个性内向的人，不妨从一个点开始经营社交圈，最终连成线，画成圆，对于人际格局，有努力就会有收获。

先拿到手，再决定要不要，
拥有人际关系的主导权才有资格谈原则。

离开职场成为自由身的我，终于不用一个人分饰两角，纠结于该外向还是该内向。将私人领域的范围无限扩大，将生活圈封闭到只剩一扇窄门，终于能减少这类饭局，我心里暗自庆幸。这几年我对新朋友的需求逐渐变少，若不是工作需要，连跟陌生人同桌的机会都会尽量避免，席间若有生人，我习惯事先问清楚对方是谁，靠着后天的第六感看看气场合不合，再决定是否参与饭局。

每次要约饭局，朋友总会"吐槽"一句："叫威廉决定，他规矩最多。"他们信任我的识人眼光，知道能与我同桌的人肯定不坏，我喜欢的相处氛围是可以轻松到什么话都说的，不会饥不择食，为求建立关系而用一顿饭来作为引子。

吃饭是放松的时刻，我宁可一个人享受，也不愿多花力气在应付别人上面。能成为我的"饭友"，肯定是被我认定的真心人，**能包容彼此的缺点也能体谅对方的失言，彼此的交情成熟到可以辨别是非，不会让聚会成为纷争的源头，吃完一顿饭便开始出现收拾不完的人际冲突。**

创业初期，我把所有的心力耗在经营自媒体上，留给社交的时间很少，若有机会和新朋友见上一面，肯定希望有所收获，追求一顿饭最大的社交价值，工作上得有所收获，私底下更要彻彻底底地释放。没办法坐下来好好吃顿饭的人，称不上是朋友。

14 好心造就失能，
让险恶的环境教他长大

"威廉，你在忙吗？我想找你合作。"

"这么晚还在问工作的事，你该不会才下班吧？"

到新公司报到没多久的 E，深夜突然发信息过来，不想一来一往地打字耽误彼此的休息时间，也想顺便关心她的近况，便直接拨了电话过去。果真，报到第二周的她不但要忙着适应公司文化，还要在试用期内做出成绩让主管满意，压力颇大，所以忙到十二点多才准备从办公室离开，一坐上出租车就想到找我讨论合作的可能。

初步沟通很顺利，于是我们准备好相关资料跟提案，带着伙伴 M 一同到公司做简报。但对方参会的员工个个都在状况外，E 跟她的老板不断地细问做法跟行情价。由于多了一层朋友的关系，我不疑有他，况且想让对方感受到专业，便逐一说明。会后，走到远处，确认已与客户公司有段安全距离后，M跟我说："我不觉得他们真心想要合作。"可以不信任客户，但至少我信任朋友，于是我反过来安抚M别想太多。

几天后，E说预算有限，跟我商讨能否从外包商聘请顾问。工作内容一变再变，一人顶三人的事，还美其名曰想找顾问，我一个人承担了主管跟员工的工作，还得兼职当小编。我向E表明顾问性质不该如此，如果需要员工我可以帮忙介绍。她很不客气地回了一句："动嘴巴的事我也会做。"这次所谓的"合作"拖延了近两个月，最后破局。

我第一时间向M致歉，让他白忙一场实在很不好意思，但他只淡淡地说："威廉，你跟E很熟吗？怕影响你们的交情，我当时不便说得太直白，这种客户我常遇到，用合作当借口，从你这种人身上能挖多少就算多少。你刚出来自己做，很容易把十分的可能，看成一百分。"

于是我试着从朋友的角色抽离，从合作商的视角来看待这整件事，E突然被推到"照妖镜"前原形毕露，她的"傲慢"是来自对新工作的不安，"贪婪"是因为想帮公司省钱邀功，至于欠缺的能力，原本想求外援借力使力，没料到两边不讨好，最后不惜牺牲友情保住饭碗。

事隔一年，跟几个共同的朋友聊起这件事时，我才发现 E 是"资源小偷"，凡事都习惯占便宜。若只是私生活里的大小事，身为多年好友肯定可以热情分享，但工作上的人际资源跟经验法则，E 也总要别人无偿提供。她不仅索要厂商的联系方式，连合作起来的感觉、需要注意的事项都会一次问清，遇到不会做的项目，不先试着自己解决问题，而是因为害怕犯错被公司质疑能力，立马先找朋友帮忙。

助人，其实也是害人，

扼杀别人成长的机会，不算是称职的朋友。

E 靠着认识几个能力好、手腕高的朋友，用人情来绑架朋友，一通电话就带走了别人靠着无数次失败换来的经验，就算和她感情再好，交情再深的人，这样的帮助，也只愿意付出一两次吧！次数多了，旁人的好心却造就了她的失能。这怪我太没警觉心，浑水淹到了喉咙才发现问题的严重性，朋友安慰我："帮久了也会累，很多时候都是我们在处理她的工作，不要管她，让她自己长大吧！"

把现实跟工作上的身份切开看，E 虽然是旧朋友，但却是新客户，两件事不该混为一谈，合作就是合作，帮忙就是帮忙。前者需要报酬，后者需要报答，有来有往的关系才会长久，不管是做朋友还是做客户，E 都没有达到标准，而我从头到尾都自认为是好心，但这不过是没把世事看透的愚昧。

这件事如果发生在早些年，我肯定难受得很，心想朋友之间既然发生问题就得解决，会主动去找 E 说开，甚至晓以大义，提醒她正确的合作方式。但长久以来，这种过分积极的维系人际关系的方式，对双方来说都是压力，没有人喜欢被教训，尤其是对方还站在一个更高的位置，然后去听别人说他究竟有多失败。

最近我在练习着对周遭的变化袖手旁观，甚至希望别人对我不理不睬，遇到问题先自己找方法解决，不想轻易搬救兵。在处理事情时，找朋友帮忙是最差劲的方法，一个人蛮干有一个人的好，得与失都是自己的收获，哪怕失败了也不会落得埋怨。

15 没有一段关系不会过期，
我们终将不再是我们

第一次到香港旅行的时候，特别去寻找了电影《重庆森林》里的几个主要场景，我站在重庆大厦门口，试图感受电影之中发生的美丽故事。行经中环半山的自动扶梯时，忍不住用王菲的视角窥探，可惜梁朝伟早就不住在半山腰的房间了。每到五月一号，我总会想起这段文艺到不行的独白："在一九九四年的五月一号，有一个女人跟我讲了一声'生日快乐'，因为这句话，我会一直记住这个女人。如果记忆也是一个罐头的话，我希望这罐罐头不会过期。如果一定要加一个日子的话，我希望它是一万年。"

一个罐头是一段关系，

用保存期限比喻人与人之间的偶然性，

爱情是，友情更是。

我看过一篇网络文章，描述何谓真正的 BFF（Best Friend Forever 的首字母缩写，意为"永远最好的朋友"），看过你失恋、素颜、穿着睡衣顶一头乱发的样子，要有对方才懂的私密绰号，生日、鞋号、衣服尺码倒背如流。具体的内容我记不得了，但当时头一个就分享给了 R，闺密的称号她实至名归。

那阵子碰到公司改组，压力很大，偶然看到一张花莲慕谷慕鱼①的照片，溪水在青山翠谷之间缭绕的画面太美、太安宁了，我觉得去这里肯定能治好我的职业倦怠，于是二话不说立刻约了 R，最近跟她走得很近的 H 也说要跟着一起去，"太鲁阁号"的对号座位是两两成排的，于是我再找了老同事 N 凑满四人，我们从几个月前就开始殷殷期盼这场旅行。

事先申请好入山证，等到星期五下班就直奔台北车站，搭八点多的火车前往花莲。没料到负责订车票的 R 当天下午突然失联，H 也找不到她，打了几十通电话，发消息的口气也渐渐从着急变成担心，我们觉得肯定是有事发生，最后决定不再打扰她，等她自己联络我们。

然而隔天，我却在 H 的脸书（即 Facebook）上看到她跟 R

---

① 慕谷慕鱼位于台湾东部花莲县木瓜溪流域，花莲位于海岸山脉和中央山脉之间的纵谷地带。

躺在碧澄澄的池水里，两人游山玩水还不忘发自拍，他们选在慕谷慕鱼打卡，走着我们原定的行程，看到照片时，我的内心有如引发一场核弹爆炸，于是发信息给 H 说："所以你在说谎？"接着我从好友列表中删掉了她们，至今都不愿再联络。事后，R 通过朋友来说情，对方接起电话，口气尴尬地说："真是抱歉，我听到也很无奈，但毕竟朋友一场，没什么不能说开的事。"

朋友转述说，R 当天晚上心情不好，不想要太多人一起出门，怕影响到别人玩乐的情绪。但想着票都买好了，饭店也订了，还是去吧，于是叫上了 H，但 R 表示很抱歉，会把钱退还给我。

我说："谢谢你的好心，我会生气表示还在意她这个朋友，但是她做的这件事的过分程度已经让我连生气的情绪都没了，我不想再多做讨论。"

多年过去，当时没办法放下的事情现在也早就放下了，尽释前嫌并非办不到，但我的世界容不下自私的人。像 R 一样不顾虑他人的感受，心里不开心也不直说，遇到问题不提出来一起解决，就这样默默地做决定的人，事后想要弥补的种种行为，在我看来都没有意义，因为她的人生路从那一刻起，早已将我排除在外。

你不在乎我，我也不需要在乎你，任性是对友情最大的挥霍。再怎么要好的朋友，也不能完全不顾对方的感受，自顾自地只求自己开心，当我们不再是我们时，这段关系就会宣告正式过期。

每隔一段时间，我总会重新审视已经毁坏了的人际关系，每当遇到更坏的人际关系时，再回头看看先前认定的损友，发现他们似乎都已经没那么糟了，可当我若无其事地解开封锁，却发现大家早已活成不同的世界，再怎么好也回不到当年了。

正因为害怕，因为觉得可惜，所以才要努力地学着珍惜，特别是友情，相遇并不是随机事件，肯定是相互之间的欣赏让我们走到了一起。不过任何关系都有限期，以前我总觉得处理人际问题时要以和为贵，不刻意引战、待人和气是基本道理，但盲目求和，反倒让"朋友"二字变得平淡。跟对的人相处才需要和，能在一段关系里感受到被对方重视，相濡以沫才是所谓的贵，"以和为贵"这四个字，值得更刁钻的解释。

16 交情五年十年地"跳"，无法突显价值的人很难留

出席一场时尚活动，听见远远有人喊我的名字，然后看到拿着对讲机跟文件夹的 F 冲上前来拥抱我，我开心地大叫："你今天应该很忙才对，怎么跑来了？"

"知道你要来，再忙也要下来见你一面。"现场有不少媒体跟艺人需要照顾，贵为品牌经理的 F，理当坐镇办公室指挥全场，所以我只是抱着巧遇的心态，期待能等到机会，和她说声好久不见，却没想到真的见到她了。

当日子只剩下忙碌，见客户的频率比见老朋友还多时，若有时间，我也会以家人和朋友优先，时常回味一起有过的快乐，想久了心里难免感伤。眼睁睁看着曾经的好友，在时光的洪流里变成过去，短短几分钟的寒暄恍如隔世，我这才发现跟 F 上一次聚会已经过去一年了。明知生活在同一座岛上、同一个城市里、同一条路上，甚至住在同一栋楼里，却抽不出时间见上一面，这时

代的人际关系好似海市蜃楼，可望而不可即。

前几天，在照片墙（Instagram）看到老友 Y 心情低落，我赶紧私信向他表示关心，虽然对方说没事，但我多少还是有些担心。我把 Y 的动态截图传给我们共同的朋友，对方回复："他不是一直都这样吗？我早就取消关注了。"长期的无病呻吟任谁都受不了，没人想跟老是投射负面能量的朋友往来，工作成就不如人要发文，没有追求者也要发文，自己在家空虚寂寞冷更要发文。每一则看似励志的自我喊话，都是包装过的情绪勒索，喜欢和别人做比较却又不知改变，不去付出努力，丧气却不去反省自己不够好，而只是眼红别人。

多少人蜂拥前来只为送上温情，最后却纷纷心灰意冷地离去，Y 喜欢把自己的脆弱摊开，像婴儿用哭声引人注意，好让自己不需要付出多余的力气，就能诱捕到他人的关心，获得想要的温暖。审视 Y 的为人处世，他从不主动关心别人，也没经历过失恋、失业的人生低潮，十多年过去还是老样子，身边的人不晓得换过几轮，他的一群旧识早已疲乏，现阶段大家的人生都还有更重要的事，想理他也没有时间。

在别人需要帮助的时候，无法成为一个被想到的人，这类朋友在成人世界会被判定为没有价值。三十岁最令人无奈的事不是变老，而是很多事情没办法纯粹地去看待了，就像人际关系，留给别人的时间变得很少，遇到的人，做的决定，都希望存在着附加价值，因为单凭人与人之间的好感，友谊是没办法长久的。

不求靠朋友飞黄腾达，

但希望最落魄的时候总有几人不离不弃。

为省去不必要的情感拉扯，我喜欢独处，但始终期待与对的人交流。朋友最大的存在价值是能给自己带来快乐，但他所带来的快乐是建立在哪件事情上，是一个值得思考的问题。酒肉朋友已不再重要，现阶段的我最在意的是个人的成长，若有个人能与我相互讨教、规划未来，我说什么也不会放弃这个朋友。

年纪越大，就越能感受到人生的时间轴被拉宽的力道，很多人一认识就是十年、二十年，但交情要靠长期的良性互动来维持，否则认识再久都没有任何意义。在一段人际关系里，没展现出自我价值的人用不着刻意去远离，如果在生活中渐渐和他失去交集，关系自然就会淡掉。

在所剩无几的交际时间里，总会有个人像 F 一样，没问过我想或不想，就献上一个温暖的拥抱。在见不着面的日子里，她忙着带团队、忙着持家，但只要我有需求，还没来得及开口，她总会第一时间给予协助，让我知道她一直都在，煞是窝心。

此刻的我，早已不是那个追求活在当下的猖狂少年，我时时刻刻都在思考着十年后、二十年后的自己会过着什么样的生活，身边有谁与我负重前行。**身为老朋友，有责任不成为"拖油瓶"般的存在，要在自己的小宇宙里用力闯荡，把人生的格局做大，活出价值，将臂膀练得厚实一点，直到有本事扛起人际圈的大小事，不做娇花，做一棵树，直挺挺地生长着。**

人际关系的症结多半来自落差感，他认为的、你认为的，跟我所认为的都不尽相同，到头来是自己误会一场。为掩饰心慌而盲目地索取，害怕落单，抱着勉强的心态与他人相处，最后再因为感到孤独而黯然离去，陷入"究竟谁是真心朋友"的循环。

没有一辈子的朋友，只有记得一辈子的人，勇敢站上制高点，用理性压制感性，拉回人际主导权，画出一条界线。一段关系的尽头往往并非是舍不得，而是留不住。

关于人际关系

Chapter 2

勇敢离开，不要勉强幸福

不论是一个人还是两个人，
心中有所归属才不孤独。

01 就算没有老公小孩可聊，也别将就着幸福

有一次跟老同事聚餐，有人忽然哭了。之前我们在同一家公司，后来先后各奔东西，早些年聚会时我们总爱发牢骚，不但急着交换近况，还巴不得把生活中的所有困难都搬上台面讨论。一群人七嘴八舌，时常是怨念跟笑声交杂，就连在 KTV 都会拿起麦克风，把音乐关掉，要大伙儿听自己说，到后来干脆就找可以安静吃饭的地方，煞有其事地逐一讨论。虽然同事缘分已尽，但我们仍是彼此最好的"军师"。

几年之间，几个常聚在一块的老友仿佛抢搭了人生的云霄飞车，"咻咻咻"地急转向前，恋爱、成家、生子……节奏奇快无比，一下子跳出十个箭步的距离。单身或是求爱未果的人则站在原地发愣，不知不觉，朋友间的氛围被撕裂成两半。我凡事喜欢随遇则安，单身不单身我倒不怎么在乎，只是这一次酒酣耳热之际，一名大龄女子突然开始难过地哭了起来。

"大家都幸福了，只剩我一个人……"

哭声悲惨至极，此时电视屏幕中突然插播了彭佳慧的《大龄女子》，我一边尴尬地安抚她，一边看她轻轻拿起麦克风跟着哼："女人啊！我们都曾经期待能嫁个好丈夫，爱得一塌糊涂，也不要一个人做主。"唱到这句，看着眼前哭哭啼啼的她，我的眼眶一阵温热，而心里更是酸上加酸。

朋友里面，最想结婚的就是她，她做事机灵又有担当，但很抗拒被视为女强人，总觉得强势就等于自断桃花，毕竟男生更喜欢柔弱又听话的女生。她年近四十，却有一张像大学生一样的娃娃脸，私底下的个性也很好，四肢纤细，体态不输二十多岁的女性，她的几个姐妹的婚姻都算美满，每次家庭聚会总是成双成对，她被周遭的幸福感染，更加急着把自己嫁掉。但是她的运气差了点，总是苦等不到合适的对象出现。

"是不是我的择偶条件太严苛，还是自己不够好？"我跟几个万年单身的好友都这样问过自己。

过了追求轰轰烈烈的年纪，管他标准高低，

现阶段的单身状态如果没有不好，

就不需要随波逐流，刻意改变。

经过几次痛苦万分的聚散分离后，发现原来幸福不是两个人想要就可以拥有的。成年人的爱情得考虑到现实的一面，爱没我们想的那样简单，要不然为什么有那么多人相爱却无法在一起？

人跟人之间的关系，不会只以一种形式存在，婚姻不是通往未来的唯一途径。朋友时常催促我说再不找个人陪，老了就会变成独居老人，其实，一个人老去我倒不怕，怕的是到老还不知道怎么面对孤单。**不管是一个人、两个人还是一家人，找到生活的重心，心里有所归依比什么都重要，身边的伴儿早晚会离开，婚姻里的人也未必不孤独。**

母亲半退休后的生活乏味到令我担心，她把一生奉献给了这个家，三句不离老公跟小孩，少了工作的支撑，她连背影都变得特别的沉重。但每每一碰到情同姐妹的旧同事，神情马上变回当年的女孩，既活泼又善感，电话里不时传出一些俏皮话，听起来像在互相打趣。

望着母亲，我总是想象着，当初要是没有选择走入家庭，此时的她，人生会是什么光景？是一名干练的职场强人？还是日子过得优雅轻松的时髦女性？坐在客厅里推着老花眼镜看手机的她，曾感到过后悔吗？为了成全圆满的家庭，她付出了太多。

不常聊爱情，是不想让日子煽情成性，鼓吹大家非得去爱或不爱，即便是同样的状况发生在不同的人身上，结局一定是不同的。爱情故事再多、再动听，作用都是安抚听众。幸福之于人生，没有世俗定义的那么狭隘，也并非得要成家才能办得到。**挑错了人一起生活，才是不幸的源头，复杂的婚姻关系更是如此。**

02 不相信婚姻，但一定要相信爱情

那天，客厅只剩我与母亲，她突然和我聊起了人生，低声说：
"没结婚没生小孩没关系，但还是找个伴陪你，也好照料彼此生
活。"在对我进行过几次有意无意的试探后，家人的态度从殷殷
期盼渐渐到假装不失望，他们也曾歇斯底里地质疑过我的性取向，
从态度激烈到心平气和，然而每次我总是给出一记"软钉子"，
丢下一句："一个人自在惯了。"**爱情是自己的事，不想让局外
人参与。岁月没有让人变得随和，反倒对于喜欢的生活状态越来
越执着。**

我曾从几段不成形的感情里拼凑出理想对象，也对细水长流
的稳定关系有过期待，可惜运气总是差一点，总是踩着别人的影
子找不到路，直到我累了、决定不追了，才将成家的选项从人生
清单中移除。恐婚症患者对于传统婚姻的神圣地位充满压力，怕
自己不够好、不够强大，撑不住名为家庭的幸福生活，被圈养在
半开放式的牢笼里，失去自由。

婚姻是一种形式，爱情是一种感觉，

两者不需要画上等号。

如同两人结合不一定要结婚。

听多了已婚朋友的种种苦难，我并不相信一段感情可以靠着婚姻拉紧，反倒看多了被勒到喘不过气的人，最后选择剪断束缚，两败俱伤。所以每一回参加婚礼，看着新人的成长影片，坐在席间鼓掌拭泪的我，不仅是为一段爱情修成正果而祝贺，更是在为台上两人愿意一生患难与共的勇气喝彩。

夜里，很久没有联络的 L 突然打来电话，肯定是有急事，听出她有些醉意，我还来不及开口，她就直接说："威廉，我好痛苦。"原来她这两年和朋友避不见面，是因为长期承受着丈夫财务危机的压力，不知道该怎么面对曾经祝福她的人。听她仔细道来才知道，这桩豪门婚姻的背后是满满的套路，差点被枕边人设计而借下高额贷款，心碎的不是为了家庭背债，而是发现这段关系里根本没有爱。

在爱情里，并非男人就是单纯，女人总是复杂，恰恰相反，在一段关系的开始与结束时，男人的态度会有明显的不同。而女人就显得单一许多，面对过去、现在和未来的爱情，她们从头到尾都会想着被在乎，殷殷期盼自己的情绪能有所回应，就算不爱了也狠不下心。

"你恨他吗？"

"恨也没用，我只希望他放我走，可以好聚好散。"

"嗯嗯。"

"对了，威廉我跟你说一个秘密喔……"

我还以为这通电话是单纯诉苦，没想到 L 露出难得的娇羞口气，扭扭捏捏地说出最近有人追她，而且对方愿意等她。因为有了这点火花，她才能勇敢摊牌，决心断掉一切，不再因为心软而选择消极逃避。男女之分，有时也可以延伸成为感情里的强方、弱方，这个单纯渴望得到爱的傻姑娘，这一回终得傻福。我提醒 L 先处理好离婚的事，别让未成形的恋情成为谈判的把柄，到头来两头空。

"知道了啦，谢谢威廉，最爱你了。" L 突如其来的撒娇带着一股劲，最后三分钟的通话，她语气里的浪漫仿佛都盖过了她这几年的不幸。挂上电话后，我在床上翻来覆去，已经想不起来自己最后一次像 L 笑得这样甜蜜是什么时候了。刻意把感情生活漂成空白的这些年，我似乎是把爱看得太过绝对，认定两个人相识相知，若有运气相爱，最后非得赖在同个屋檐下厮守到老才行，或许我是害怕离散，才用铁石心肠掩饰懦弱。

认真活过才知道爱有多难得，成年人的感情得来不易，我以为爱情不过是粗浅的你情我愿，所以感受不到它的力量。几个已婚妇女听闻L的故事，七嘴八舌地开始讲述自己婚后生活有多么悲惨，心有戚戚焉地说："早知道就不要结婚，可以一直谈恋爱该有多好。"

我是感情的悲观主义者，笃定每段关系都有期限，听过人们对婚姻的恐惧，但没听过有人害怕爱情。**爱情可以修复陷入危机的婚姻，婚姻却拯救不了失去温度的爱情。**从苦难里炼出的真感情，足以补完生活的所有残缺，包括失败的婚姻跟破碎的心灵。所以，可以不相信世间有绝对幸福的婚姻，但要相信有到老都不愿放手的爱情。

03 被同一个人伤两次心，才是真的无药可救

"我跟她分手了，暂时会关掉社交软件，谢谢关心。"

L突然发了这则动态，让人有些措手不及。他不久前才人间蒸发，想都不用想就知道是"恋爱中请勿打扰"的状态，偶尔给他发信息问候，他通常也是两三天后才回，有时也会看到他跟新女友的合照，原本打算出国念书的他，突然就有了结婚的打算，聊天时他的口气难掩甜蜜，直说自己找到了对的人，想要两个人在一起生活一辈子。

才交往了短短几个月，就已经打算厮守一生了，听到他说出"一辈子"这个词，我都傻了，L显然是中了情花毒无药可救。我只能委婉地劝他说："结婚的事，等交往久一点再看看吧！"

可是他却觉得我在泼他冷水，斩钉截铁地回复我："我们太合适了，很难找到像她那么懂我的人。"

这时，再怎么炙热的好心肠都得按捺住，不能再去硬碰硬，于是我对他说："替你开心，要加油喔。"然后就随他去了。

热恋的幻觉带着他远走高飞，无奈却被一阵暴雨打趴在地，从动态里，可以看出 L 的失落与惆怅。出自对朋友的关心，明知不会有回应，我还是私信了他："还好吗？需要聊聊的时候我都在。"这条讯息被读取之后又过了几个月，他删光了照片墙的照片，不难看出是想重新开始一段恋情，这时他却说："又分手了。"

旁观者清，别人的感情事我向来一针见血，三两句就能直接道破主题，听到"又"分手了，我秒回："不要再有第三次，这段感情你努力过了。"哽在喉咙里的真心话，终于倾吐出来，我心里舒坦了许多。不过我也只能劝他到这个程度了。发完消息，我正准备关掉对话框，却意外收到 L 的回复，他交代起分合两次的心路历程。对方加他联系方式主动攀谈，聊着聊着，他对对方渐渐从有好感变成迷恋，两人很快地约会、上床、热恋、同居，感情基础还不甚稳固时，就开始谈论未来，于是他们很快就迎来争执、背叛、分手、原谅，最后再狠下心来提分手，这不过是发生在一年之内的事。

L 的言谈里是止不住的怒气，他说自己不会再对前女友心软，不可能有机会复合。他抓到对方好几次出轨，每一次她都死去活来地请求原谅，甚至搬出自己曾受过伤，身心状况有问题的理由。然而用同情心搏来的关系不会长久，这对于有感情洁癖的 L 无疑是一种折磨，L 再也忍受不了对方嘴上说着"我还是很爱你"，身体却四处找一夜情的矛盾行为，于是决定主动结束这段感情。

因为伤害而分开，短时间内决定复合的人，
肯定只是舍不得。

虽说一个人的人生际遇会随着遇见了不同的人而有所变化，但成年人要改掉自己性格中的劣根性，绝非一朝一夕的事。我们可以靠着爱来感化一个人，但感化到一定程度需要很长的时间，而且热恋期间也根本谈不上改变和感化，顶多只能去包容对方，而对一个非亲非故的人，包容之心是有限度的。

第二次分手所产生的心灵耗损，让 L 有点承受不住，好几次因为反复梦到被背叛而突然惊醒，原本自信、聪明又温和的 L，却留下了创伤后应激障碍，反过来质疑自己对于感情的判断力跟价值观是不是有问题，才会分了手还如此纠结。而后，一提到前女友，只有不屑和愤怒，在骂完之后又赶紧补一句说："抱歉，我刚刚太失控了。"

要把一个朝夕相处的人，从生活中移除确实很痛、很痛，但更痛的是被划下的伤口还没好，又被人紧接着补上一刀，再怎么坚强的人也一定承受不住。**别相信对方会改掉关乎道德标准的脱序行为，为了留住你，他顶多会稍微收敛或换个方式让你无法察觉，再犯的概率高达百分之九十九点九。**

吃回头草未尝不可，毕竟我们身边仍然有许多绕过一圈发现还是旧爱最美，终究修成正果的例子。**但是成长是很微妙的事，给彼此一点空间跟时间改变，眼前低头认错的人，若还是当时那个伤害你的人，那么，脑海里的浪漫电影，就不该找他合演。**

04 保持爱情需要智慧，太浓烈的爱反而伤身

嫁得不错的 K，婚后一直被捧在手掌心里，每个月家用额度不输一名高级主管的薪水，以世俗的观点来看是不折不扣的贵妇，人人称羡。她住在偌大的豪宅里，不需要做太多家务事，出门有司机接送，跟姐妹淘聚会、吃下午茶、护肤做脸是固定的消遣，结婚多年育有两子，但她依旧风姿绰约，把自己打理得闪闪发亮，丝毫没有被家庭生活摧残的痕迹。

再平静不过的日子，却被不速之客掀起生活的波澜。一位男子在有意无意地搭讪时发现 K 是人妻，却依然想"踩红线"，K 与他的互动越是频繁，他就越是想往情欲里探。起初，K 拉起一道名为"妇道"的封锁线，幸亏有家门的屏障还算能把持住。但是男子见久攻不下，便使出围城之计，开始把她当成女友般呵护，从只发文字消息进展到视频聊天，还差点被 K 的老公发现。

从情人变成伴侣，爱情的热度被渐渐磨损掉，K 努力扮演好

妻子的角色，却在多年婚姻里慢慢腐朽成枯木。从年轻到成熟，所经历的男女关系虽不至于惊世骇俗，但也够她懂世事、知分寸。一开始，她只把对方当成负面情绪的发泄口，向他抱怨着索然无味的婚后生活，没料到就此被摸透，对方看准她耐不住寂寞，于是过了没多久，两人就从精神出轨发展到肉体关系。

一把热情撩出火苗，人生最大的烦恼就从原本的"今天要买什么"，变成了"该怎么藏住这段不伦之恋"。道德底线一旦被冲破，就很难抽离。K把心思都花在婚外情上，时常魂不守舍，只要能逮住难得的相处时间，两人就会玩得放肆，男子常说不准K离开，否则他会活不下去。久旱逢甘霖的K没想太多，以为对方一定是太爱了才会舍不得放开，反倒觉得他浪漫。

习惯语带威胁的对象，多半是恐怖情人。
热恋时，总会误判成是重口味的情话。

新鲜感一过，K开始厌倦起理智跟情欲的强烈拉扯，每次回到家看着无条件疼爱她的老公跟乖巧的孩子，罪恶感就会油然而生，K承受不了良心的谴责，决定主动提分手。没料到对方开始死缠烂打，扬言要将这件事宣扬出去，还不断地威胁K。

但 K 也不是省油的灯，对方的家庭状况跟公司地址她都掌握在手，所以她决定"敌不动我不动"，既然来硬的不成，只好来软的，希望慢慢放淡这段关系。但是过了没多久，她发现自己的私密照出现在网络上，K 才惊觉不妙，向我求助该如何全身而退。我请她放低姿态跟对方沟通，同时到警局备案，但要做好离婚的最坏打算。

"为了这个人，你得放弃眼前的一切重新来过，值得吗？"我认真问 K。

一听到"离婚"二字才如梦初醒，K 开始细数这段婚姻的好，坦白说，她没想要走到这一步，老公现在的状态虽然激不起她心中的爱火，但也足够温暖心房。撇开经济状况，光论人品老公就赢过对方了，他从没说过一句难听的话，婚前婚后都把 K 照顾得好好的，不论是物质上还是心理上，都让人再安心不过。说到底，K 其实不是不爱他，也明白他是能真真切切走一辈子的人。

张爱玲曾说：**"获得爱情你随便用什么方法都可以，但保持爱情却需要智慧。"**没那么爱，是长久的关系中一定会面临的问题，也是浪漫主义者最难过的一关。**所以要停止挑剔，别苛求对方可以数十年如一日地维持相同的状态，长时间的相处是为了让两个人能够像齿轮般密合，接纳没那么完美的他，而他也能够包**

容不如当初那么美丽的你。只有相互妥协，彼此在关系里都能安好，才能走得更远。

　　冷静下来之后，K承认自己是一时犯蠢，新对象并没有好到可以让她放弃一切，贪恋短暂的情欲交缠，抛弃长长久久的安稳生活太不值得。

05 真正爱你的人，才舍不得让你受伤

　　我不认为对多数女人来说，选择面包还是爱情是一件很难的事情，女人最难捉摸的是，她们的外在跟内在需求，往往容易背道而驰，所以她们会粉饰内心的真实声音，为顾全局面而口是心非。而男人的里里外外则都很有共识，要就是要，不要就是不要。

　　谈起理想对象，自嘲已经心死的友人们总会嚷嚷着说："大不了我就找一个年纪很大的男人，最好工作繁忙，根本没时间陪我。人不陪我没关系，记得汇钱就好。"于是经济状况好的大龄男人，取代了可遇不可求的年轻帅哥，成为单身女性的首选。

　　我忍不住说："老男人要找，也肯定想找未经世事的年轻姑娘，哪轮得到心思缜密、算计精准的熟女？"

　　见众人哑口无言，我再补充一句："年纪不是问题，但也要喜欢才可以吧。"

说到底，爱情必须要有爱，物质条件可以努力挣来，不依靠别人，但爱情可没办法自食其力，若要找可以相守一生的对象，就没办法完全背弃爱情的理想。女人多半是感觉派，只要心中还存着一分喜欢，男人稍微哄一句"我还是爱你"，那么面对再荒唐的对待她们都可能去忍耐。

空窗两年的 B，在交友软件上认识了一名已婚男子，最初只是想排遣寂寞，没料到越聊越投缘，在发生肉体关系之前，却意外产生了爱情。为了留住对方，她甘愿牺牲到底，明知得不到也不愿意为难，甚至爱屋及乌，就连原配坐月子的时候，都自告奋勇到对方家里去整理婴儿房，帮忙洗一家人的衣服、喂狗，想做最称职的后援。

B 跟我说："做不了最好的老婆，我要当最好的情人。"

陷入泥沼将近三年，她早有觉悟，明知自己不是第一顺位，所以格外珍惜为数不多的约会。她记得对方所有的喜好，内裤、袜子、保健食品等，都由她定时添购，生怕少了什么。虽然 B 嘴上总是故作洒脱，但时常会艳羡他生活里真正的伴侣，甚至还会带着崇拜的口吻说："他条件很好，能成为他付出感情的对象，我已经很知足了。"

我用玩笑的口气责备 B 是"必取"[①]，提醒她必须赶快从这场注定输掉的游戏中抽身，她越是深陷，越让人觉得毛骨悚然。最后我忍不住和她说："你太天真了，我得骂醒你，对爱情不忠的男人就算选择了你，一定还会去招惹别人。"我无法断言这名已婚男子究竟爱不爱 B，但我可以斩钉截铁地说他其实没那么爱她，否则不会忍心看她受苦，内心如此煎熬。

　　另一位过来人听到这件事，请我传话给 B："别傻了，你再怎么努力，他都是别人的老公，他表现得多爱你，终究还是自己孩子的爸爸。你要好好地去帮自己找未来的伴，甘愿做牛做马也不离开你，肯为你牺牲一切的人才是真爱。"

真正爱你的人，非你不可，

若可以接受其他人存在，说穿了只是"喜欢"。

　　一段完整的爱情一定是两个人互相倾注真心，情感相互对流，他会小心翼翼地捧着你对他的好，生怕自己做得不够，憨直

---

① 出自台湾连续剧《必娶女人》，该剧讲述了一个为达目的、不择手段的"必取"坏女人逐步扭转形象，蜕变成蝶，变身为"必娶"女人的故事。"必取"取自英文"Bitch"的谐音，比喻为爱不择手段。

地用更多的在乎作为回馈，哪怕付出一切。

身为资深披头士（The Beatles）迷，多少会听信他们四个人拆伙是小野洋子（YoKo Ono）间接造成之说。摇滚巨星约翰·列侬（John Lennon）恋上东方女子的故事，对歌迷来说是饭后闲话，若撇除这层，单纯看两人的爱情，我其实不止一次被深深打动，他是多么崇拜她，甘心放弃一切回归家庭。两人的蜜月是一场歌颂爱与和平的行为艺术，列侬在床上靠着洋子，骄傲地说："这是我生命中最重要的女人，我无时无刻不想和在她一起。"护着她、赖着她，为她挡下全世界的恶意，有谁敢说他不是真的爱？

女人其实很少考虑面包，却到老都在渴望着爱情，说有多洒脱都是场面话而已。B跟我说，她还是想要有个人能够全心全意地疼爱她，也渐渐明白了那个男人不可能爱她一辈子，于是答应我慢慢退回到自己该在的位置。**若要感情稳固，那么双方必须得对等，既然对方没那么在乎你，就慢慢弱化他的重要性。**要知道爱你的人才舍不得你受伤，一点点都不行。

下一段感情，我多希望她能遇到另一个自己，好证明付出真心的人值得被善待。

06 网恋就像网购，拿到实体后总会有落差

我常笑自己喜欢活在回忆里，老家房间里有很多不愿扔掉的宝贝，老家的门牌，红色的胸花，高中的书包，一箱一箱的纪念册、卡片、信件、明信片，一沓沓的纸条，像深埋在壁柜里的时空胶囊。偶尔夜深人静时，我喜欢听着千禧年代的芭乐情歌[①]，坐在地上拆箱，好像陪着自己再经历一次过去一样，不知当时的我和现在的我，看着这些别人曾为我写的字时，能否有同样的心情。

"你好吗？波兰的邮筒很难找，我朋友一直问我急着写信给谁。"

我经历的最后一段恋情，是网恋也是异地恋。我们起初在社交平台上互相关注，有意无意地聊天，偶尔开开玩笑，后来发现两个人的笑点相近，聊天次数就越来越频繁，连讨厌打电话的我，

[①] 芭乐情歌指节奏缓慢的抒情歌曲。芭乐是"ballad"在台湾的音译，意为民歌、民谣。

都能和她天南地北地扯上几个小时，觉得这个人好像有点不一样。当时我着迷星座，喜欢研究朋友的星座，有天心血来潮想帮 E 看，报完生日跟出生时间，E 突然说："不如看看我跟你吧，合不合，有没有机会。"

这段关系突然有了微妙的变化，虽然原本是聊得来的网友，但心确实被撩走了。没多久后，E 决定跟几个朋友去欧洲当背包客，她每到一个城市都不忘写明信片给我，我陆陆续续一共收到六张，内容多是问候，却又藏着浅浅的暧昧。

不知道哪来的勇气，周五前一晚我买了机票，第二天一下班就直奔机场飞去找 E。这是我们第一次见面，我很幸运没遇到"照骗"①，本人感觉挺好，短短三天的相处比在电话和视频里还要融洽，人在异地被照顾得无微不至，感到特别舒心，巴不得天天腻在一起，我觉得这应该就是爱吧。

伦敦跟台北的时差，让我们的作息时常错乱，加上 E 是空乘的关系，生物钟更加复杂，突然很想找个人说说话的时候，只能留言等待回复。忙了一整天累个半死，本来想要早点休息，却得撑着眼皮、耐着性子，听 E 抱怨工作上遇到的烂事。于是我

①照骗：网络用语，用来解释成用假照片聊天的欺骗手段。

们的摩擦开始出现，最严重的一次是大雨滂沱的下班时间，E 非得要我当下把事情解释清楚，我淋着雨把机车停在楼下和她吵架，吵到住户都从窗户伸出头来看。

理性沟通过后，我们发现彼此相处的时间太少，虽然认识很久，但其实并不熟悉，于是 E 决定排一星期的休假来台北，这是我第二次见到 E 本人。**隔着手机屏幕才有的好感慢慢变质，相处越是紧密，越能感受到个性跟价值观上的差异，我的态度开始冷淡。**某晚，E 找我谈判，讲到激动之处又想摔东西，被我喝止，过了没多久她便收拾行李离开。

偶像剧的开头，肥皂剧的结尾，整整一年的网恋故事就这样戛然而止，之后我们再也没有联络。

这段感情异地恋的成分很少，毕竟我们不是认识之后才分隔两地的，**所以聊得再多，远不及几天的密集相处更能加深对彼此的了解，一旦相处久了，滤镜早晚是要破的。**一旦滤镜被打破，就再也没办法退回到戴着面具聊天的模式，光凭文字跟几张照片就可以轻易地扮成别人喜欢的样子，所以在虚拟世界开始的恋爱往往不太真实。

如果有勇气约网友出来见面，

就要带着认识新朋友的心态，将关系拉回现实，

而不是沉浸在网络上的"感觉"之中。

前阵子网络上盛行一个游戏，把自己在不同社交媒体上的照片拼成四格，通过对比，我发现以前发在不同的社交媒体上的照片风格不尽相同。在脸书上发的照片都笑得很灿烂，最好是一张跟家人、宠物的旅行合照，越有爱越好；领英（Linkedin）上的照片得表现出专业，通常显得正经八百；照片墙着重生活态度，是精神层面的自己；放在廷德（Tinder）上的照片穿衣最为大胆，布料最少，最好是能够少到引人遐想。网恋总是轻易地就能发生，但是我们喜欢的究竟是刻意塑造出来的形象，还是那个活生生的呢？

我时不时会想起 E 说的那句话："我不懂，有问题为什么不能说出来一起解决。"**如果彼此对未来有共识，能诚实面对两个人的缺陷，努力包容、修正，那这确实是交往的长久之道。但**

我踌躇许久，还是克服不了落差感，我喜欢上的是《她》[①]，而不是真正的她。

　　从前经常在网络上浏览各种漂亮的衣服，没有试穿就买了下来，回家后才发现没有能配它的裤子，又找不到适当场合可穿，最后只得让它连同纸袋原封不动地躺在角落，任凭其陈旧。这几年我逼自己戒掉冲动型消费，不愿自私占有，决定把冲动消费的商品让给懂看也懂穿、比我更适合的人，这也算是我的温柔吧！

[①]《她》（Her）是斯派克·琼斯编剧并执导的一部科幻爱情片，由华金·菲尼克斯、斯嘉丽·约翰逊、艾米·亚当斯主演，于 2013 年 12 月 18 日在美国上映。讲述了作家西奥多在结束了一段令他心碎的爱情长跑之后，爱上了电脑操作系统里的女声，这个叫"萨曼莎"的姑娘不仅有着一把略微沙哑的性感嗓音，并且风趣幽默、善解人意，让孤独的男主泥足深陷。

01 爱不到的人，
就让更好的人来照顾他

到现在，我还在做着回柏林的梦。

那年，我选择在最冷的一月份初访柏林，那时日照时间很短，但我还是依靠着这仅仅几个小时的阳光，如预期般爱上了这座城市。去博物馆岛的那天，我尝试在柏林搭车，但是为了找一张好看的明信片，我步行了很长的距离，不知不觉离车站越来越远。一个人旅行不用赶时间，于是我就索性买了一杯热咖啡坐在河堤欣赏日落，等待天黑，想起 N 曾在这里寄过一张明信片给我，上面写着："柏林真的很棒，有机会一定要来走走。"字迹匆忙，但满是真心。

可惜收到信的那天，我们早就走散了，但我一直记着我们的约定，几年后只身来到这座城市，寻找当时被洗掉的微小尘埃。

某一年，为了说声"生日快乐"，我连打了好几通电话给 N，总是无人接听，消息也不回，我难掩失落，睡也睡不好，满是哽在喉咙里的苦，应该是那几年存在过若有似无的暧昧，让我一厢情愿地觉得彼此关系很特别。

之后的一年，N 音讯全无，我搬去上海的前一晚，向她发了一封讯息说再见，没多久收到了回复。另一头的 N 心急如焚，说她打算连夜搭车北上，无论如何都想在我上飞机前见我一面。我不敢问她那时为何不回我的消息，只是故作释然地说："很晚了，有这份心我就已经很感动了，你要保重。"

过了一段时间，想着还有好多事情没做完，我决定搬回台北，N 是头一个知道的人。她问我接下来想做什么，我说："找新工作，找个人好好一起生活。"这辈子花了好多时间在工作上，却没有好好谈一次恋爱。

恋爱的柔焦，让人失了准头，

放大所有细微的好，

却没想过，或许这就是原本的她。

整整七年，这场大雾一直没有散去，我深陷其中完全没有方向感，更别说要走出来。直到那晚两人趁着酒意，把这些年的感觉全说出来，N这才恍然大悟，原来我有那么在乎。然而记得所有小事，对不那么投入的一方来说，都是压力。

把烂醉如泥的N抬上床后，我将手机放在她习惯的枕头边，屏幕上突然跳出一条信息，证明了我只是她的候补，一直以来都是。确认N已经熟睡后，我刻意放轻脚步离开，不到十五分钟的车程好像有一个世纪那么久，体内有巨大的悲痛仿佛马上就要冲出来。到家后，我决定彻底断绝与N的关系，把她看得到我、找得到我的渠道全都断掉，并且封存这段记忆。终于不用再赖着忽冷忽热的感觉过活，我突然感觉轻松了很多。

最后，我们潦草地说了再见，那是唯一算数的分开。

过了没多久，听说N有了新恋情，恰好是我认识的人，看着他们两人坐在客厅里笑容灿烂的合照，幸福得不可思议。原来她的理想生活里，不会有我。关掉屏幕，我回忆起了所有关于N的事情，包括第一次见面时的表情跟对白，想到N不敢正眼看我的表情，言不及义的瞎聊试着化解紧张的样子，现在竟还是觉得好真诚、好可爱。

当时的我，一厢情愿，看不透没那么喜欢的关系究竟有多伤人，单恋一个只把你当好朋友的人，只会越相处越痛苦。其实，**不对等的爱也可以更坦荡，大方承认不爱，远远欣赏也无妨，让她待在她最爱的人身旁，才是真正的快乐。**

可以试着往后退一步，腾出空间给彼此喘息，感情里单方面的努力其实很有压力，倒不如就大方地成全对方。就算他的幸福没有你的份，若能因为你的放手，让他更有力气抓紧想要的人，也是 种成人之美。若是强求，到最后一定是两败俱伤，另一个人能给的，或许我真的给不了。

我翻着一张张照片，像看一部爱情小品，原来不用承担曲终人散的落寞，也是一种幸福。往后，再听到 N 的名字，便不再觉得错过有多可惜，也不再执着于这段关系是得还是失了。来不及说出口的"喜欢"，传递不到的真实心意，吞不进去的苦涩回忆，突然化开。

辛苦累积的理想生活，
别让不对的人收割

或许是年纪到了，三十好几的尴尬岁数，得开始做抉择了。
究竟是要追求怦然心动的感觉，以貌取人，还是让择偶条件务实
一点，考虑到现实层面的生计问题，比如能一起偿还房贷、养小
孩，能够撑着生活的人才叫作理想伴侣。

然而造化弄人，可能是平时好事做得不够多，好话也没多说，
想找到有经济基础、有颜值又有一颗善心的对象，对我们来说太
困难了。很多时候只能硬挑一个比较不错，还算听话的对象；若
是个性傲娇一点的人，就索性像我一样选择单身。

单身的人平时爱找单身的人凑在一起玩乐，物以类聚是有原
因的，毕竟大家都没有人约，也都没有家庭负累，时常一通电话
就能随传随到，要聚到多晚都可以。我们这帮人谈起工作，个个
是职场强者，不至于说可以呼风唤雨，但若要个人情想图个方便，
一定没人敢不买单。

但每每聊到感情问题，都总会突然软弱，自嘲是市场上的促销商品，快过期还等不到买家。借酒壮胆的 D 嚷嚷着："过几年要是还没脱单，我大不了包养一个'小狼狗'，只要听话就好。"

我冷冷地回应道："你还是把钱留着养自己、养爸妈比较实在吧，要不就存下来，也总强过找个没钱就没爱的对象。"

D 接着说："我当然不会找个完全没爱的人。"

我再说了她一句："真正爱你的人，根本就不会想要拿你一毛钱好吗？甚至还会骂你乱花钱，别病急乱投医，当心遇到'捞妹'。"

"捞妹"是我们私底下常提起的特殊角色，用来称呼年轻貌美的血吸虫，空有好看的外表但不想努力。只想通过谈感情不劳而获，吃对方的、用对方的，就连无形的人脉资源都会一并捞走。

多年前认识 A 的时候，她还是个单纯的高中生，再听到她的名字时，她已经是社交平台上的网红了，她时不时会在社交平台上晒出自己的身材，穿着泳衣在游泳池畔看书。我与她仅有几面之缘，朋友聊起她的时候瞪大了眼睛："你知道 A 现在跟谁在交往吗？"我连忙拿起手机，翻看她的个人主页，最新一则动态是 A 在一个漂亮的浴室里泡澡，我也瞪大了眼睛，指着照片问："哇！她发达了，才不到三十岁就买了房。"

不枉费这些年投资自己的外表，A 终于找到一个好对象。听起来像一则励志故事，A 因缘际会认识了演艺圈的大哥，两个人打得火热，没过多久 A 就搬进了大哥的豪宅，主人出国她留守在家，发几张贵妇生活照也是合情合理。可惜好景不长，没过多久就听到他们分手的消息，共同朋友都咬牙切齿地说："大哥受不了了，请她离开。"

具体的细节我没有多问，但听说除了供 A 吃住之外，大哥还动用关系让 A 到朋友的公司上班，相差二十岁的恋情，最后因为价值观差异而分手，扣掉吃喝玩乐的时间，两人独处的时候根本没话聊。看来大哥想找的伴侣，不光是能够同甘，还要可以与他共苦。

一段感情要完整肯定得互补，

生活条件好的一方肯为爱付出，

但若另一方是个填不满的坑，也难谈长久。

我把这个故事分享给了身边几个事业有成的朋友，他们告诉我，**好看的皮囊虽吸引人，但过尽千帆终究会渴望灵魂上的共鸣。出手大方是长辈该有的气度，人到了一定年纪，看重的就不再是物质了，更何况是找一起生活的伴侣这件事，再多的付出也是会有停损点的。**

契合的灵魂则可遇不可求。但比起害怕孤独终老，我更害怕跟不对的人凑合着生活，虽然还没有能力买车、买房，但兴致一高，就能来一场说走就走的旅行，周末能吃上一顿好的，点菜不用看价钱，能让自己无忧无虑地呼吸着，倒也舒服。

吃过苦，也尝过分离，好不容易挨过害怕寂寞的年纪，钱能买得到的快乐反而不想要了。谈起感情，不会只想要陪伴，而更在意心灵的互动。搭着肩一起哼苏打绿的《小情歌》，偷瞄对方的陶醉模样，跨年夜窝在家里看《真爱至上》，就算看过无数次，还是会被举牌告白的那一幕感动，两个人靠在一起哭，能交流灵魂、往骨子里去爱，才是所谓"对的人"。

09 一开始就偏离的关系难以拉回，玩不起请别说各取所需

如果把跟读者的私信进行总结，能有办法跟"哈哈哈哈笑死"（我的口头禅）抗衡的词，一定是"晕船"①。只要开启深夜问答，总会有不少人谈起不幸"晕船"的惨事，对方忽冷忽热的态度，让他们痛苦万分。

并非未经世事的少男少女就比较容易"晕船"，身边多的是战神等级的刚男烈女，一碰到交友软件，何止会"晕船"，"沉船"的都有，即便道行再高也会被迷人的小妖精给收服。特别是太久没有谈恋爱的人，一碰到有人示好，就接着发生关系，只要对方是合乎自己择偶标准的对象，藏得再深的真心都会失守，六神无主才来向我求助。

就在某次聊"疯马子"②的话题时，读者 B 向我告解："首先，

---

① "晕船"是网络用语，解释为一夜情却不小心放了真感情，那种无法抽离的痛苦。

② "疯马子"指为爱不惜一切，做出疯狂举动的女朋友。

我必须承认自己很可怕，但我已从噩梦中醒来了。"原来去年，她跟某个网红发生了一夜情，两人通过网络认识，以为对方想认真交往，没料到事后变得冷淡，从热络转为有一搭没一搭地聊，B试过将姿态放低，想做个善解人意的约会对象，帮他设想很多理由，直到被冷暴力，感到挫败、沮丧，这才惊觉"晕船"。

一开始就没打算认真的关系，却因为对方是符合自己期望的人而一时失守，误以为短暂的热络就是天长地久。通常想玩肉体游戏的人灵魂都受过伤害，他们只想找个合意顺眼的对象发生一夜情，满足生理需求，而沦陷的那一方却渴望得到爱，只能自讨苦吃。

无法挣脱爱恨的拉扯，不甘心的B，开了一个没放头像的小号，尝试用新身份接近对方。这一回双方聊得很合拍，很快又进入到暧昧阶段，他们半夜打电话、分享心事，甚至互传私密照，但B始终没让那名男子知道自己的长相。三个月后，两人约在书店，像是爱情电影的浪漫情节，B要男子猜哪个路人是她，结果他不仅猜对了，还偷拍B，并且当场把照片传给了B，这让B惊慌失措得想夺门而出。

整家书店安静无声，谁知道会那么巧，一转头却看见对方的笑，B的眼神下意识地闪躲。她说："那时，我的心还是被偷走了。"B虽然当下没有承认她对他动了心，却在一小时后让他来到住处，刻意关上灯，不愿被看清楚长相，对方想要更进一步，B找理由拒绝，将这些时日以来的想念化成一次深深的拥抱，一阵厮磨过后，确定无法得逞，男人便沉沉睡去。

一早醒来，男子准备离去，看了她一眼淡淡说道："我要走了。"连句"再见"也没有。

B把故事讲完，接着问："他真的不记得我了吗？"

我还来不及回应，她又自己补了一句："不过这已经不再重要了。"

在我们的对话框里，可以感受到她在努力地控制自己的情绪，但一直到结束对话的时候，我都不认为她真的没事。

没几个人能贯彻"各取所需"，
被寂寞欲望折磨的人，心会变得千疮百孔，
很容易落入无力防备的恶性循环。

多数女人，是没办法跟毫无感觉的对象有进一步的肢体接触的；但男人不是。一方靠着感觉走，另一方则以欲望为导向，当感性对上理性，感性的永远都是输家。单身者玩交友软件的动机，无非是想找对象，玩不起的人请紧守原则，约会超过三次才能发展到更亲密的一步，这三道墙不仅可以过滤掉不真心的人，更可以再三确认彼此在关系上的供需意愿，很多时候对方想要的，永远都不是你想给的那部分，而你想要的，对方却给不起。

玩不起也好，玩得起也罢，把感情当成游戏在玩，就是在内耗自己对爱的感知能力。感到麻木不是你变勇敢了，而是心死了，那时候，就会有另一种更强烈、更深刻的感觉来伤害你，这种感觉就叫"错过"，错过反而更痛。网络上也是有真爱存在的，但要是一开始就偏离轨道，这段关系就算再努力也会有瑕疵。因欲望而起的关系，也会因欲望消失而结束，如此，不如回到起点。若你期待一场能深刻交流的恋爱，那么"各取所需"就不是你该选择的方式。

10 离婚不是黑历史，
而是挥别不适合的勇敢

比起夜店震耳欲聋的喧嚣气氛，我比较喜欢几个人的温馨聚会。一人一菜配点小酒，窝在朋友家吵吵闹闹，没有时间的压力，聊到累了就尽情瘫软，用最不符合人体工学的姿势斜卧在沙发上，压着双下巴玩手机，样子可以要多粗鲁就有多粗鲁，不需要顾及形象，比起在公众场合，这样的环境，反而更加自由。

这一天，平时最爱喝酒，闺密聚会时总是活泼的 C 突然缺席，旁人说："她刚跟老公离婚，要等状况好一点才会出现。"C 与她的老公相识六年，交往半年，对彼此的个性足够熟悉时才决定走入婚姻，C 一度以为她找到了可以共度一生的灵魂伴侣。但蜜月期一过，大大小小的问题开始浮上台面，跟公婆同住或买房？要存多少钱才可以计划生养小孩？夫妻的财产是共有的，另一方却老是计较谁付出得多，嚷嚷着谁才是真正为家庭牺牲的人。

离婚后，原本充满自信又乐天的 C，整个人变得异常毛躁，嘴上说着自己已经解脱，可是从她对喝酒、对各方邀约的积极度，我能感受到，她想证明一个人也能过得更好，正在强迫自己走出来。C 外形条件不差，很快就找到了新对象，但没过多久就听到了她分手的消息，一年之内告别两段不适合的感情，再怎么坚强的人都会伤心。遇上婚变，旁人能帮上的忙，就是把这碗烫口的汤放凉，等到好入口一点再一次饮尽，适时再报以温情与关心。

好不容易等到 C 归队，这时的她对于离婚一事已经能够侃侃而谈了，我们这才敢问她下定决心的主要原因。C 的老公不肯承认自己在婚姻里有缺失，不认为自己做得不够，做错事也不肯低头，争吵事小，拒绝沟通才最叫人心寒。

尝试解决问题却老是碰壁，

一冷一热的关系早晚要散，

倒不如拿出勇气说断就断。

"别担心，我现在好得很。"我知道那个娇纵到有点可爱的 C 回来了。

她的前夫像是个牢笼，只想把她拴在身边，一有摩擦，便不惜踩低她来维护自己的尊严，细节我不便多问，只是单从好友的角度看这段婚姻，也能看出 C 确实非常投入，不断付出再付出，但是她全心全意呵护的家却变成了一个黑洞，这让她千方百计想要逃离。

她放假的时候总是跟闺密赖在一起，聚到三更半夜还不肯走人，一天工作十几个小时，说想多赚点钱，但我们都没发现，C 其实很不快乐，她全身心地投入工作，只是在寻找出口，想找一个真实的心灵依靠。**当 C 发现婚姻中的彼此对未来没有共识，也没有一起解决问题的决心时，便开始思考退场，只是突然间要回到一个人生活的状态，她有点胆怯。**

离婚后，光是割舍掉对方就是一件非常耗神的事，C 想要努力复原，但长时间抱着充满棱角的石块，她的心中早已满是伤痕，却还是想要爱人。于是就急着把自己丢回待价而沽的位置，拼命翻阅社交软件，认识新朋友，想证明单身的自己还有市场，然而她太过莽撞，一旦寂寞过头就很容易误判感情，错抓浮木。

离婚并非失去价值，能将离婚勇敢诏告天下的女人，反倒更有魅力。认定自我价值的方法有很多，不可否认，有人呵护是很好的痊愈方式，**不过，在下一段感情到来之前，何不过上一阵子无拘无束的单身日子，把有去无回的感情收回，将爱的重量放在**

自己身上。

英国女王伊丽莎白二世的妹妹玛格丽特公主，曾被贴上"二十世纪英国王室第一个离婚的人"的标签，她美丽奔放，可惜一生都抱着遗憾过活，碍于皇室身份无法追求想要的爱情。或许这就是宿命吧，她的孙辈哈利王子，娶了曾有过一段婚姻的梅根·马克尔（Meghan Markle）。拐个弯又能再度幸福，证明现代的爱情童话跟出身毫无关系。

婚姻是一种经营感情的形式，需要两个人才能成立。但一个人并不是没办法继续生活下去，经历过失败，反而能在下一次做决定时，更沉得住气，能够察觉到更细微的情感交流，明白谁适合一起生活，谁给的快乐仅仅是在当下。不急着选择的智慧，收放自如的情感，是离婚的女子独有的魅力。

放下种种怨恨跟不甘心，最难熬的日子已过去，C 把自己打理得比婚前还有魅力，从生活里重生，从感情里重生。哪怕偶然在大街上巧遇前夫，也不用下意识地闪躲，态度反而可以轻松从容，不往选择失败的死胡同里钻，只是淡淡地跟众人说："我解脱了。"

11 一把钥匙，留给能照料你生活的人

　　情人节前夕，几个老是嚷嚷孤老终生的好友陆续脱单，大家像丢捧花一般，纷纷送来好消息给打定万年单身的我，让我有点措手不及。年轻时不把感情当一回事，总觉得谈恋爱不难，然而容易到手就不懂得珍惜，曾有过几段不知道究竟算不算数的情史，无心伤害了别人，也伤害了自己，这些年人来人往，没有一个人能住进我的心里。

　　打开手机，有太多社交软件可以选择，要认识一个人太容易了，要远离一个人也很容易，只要拉黑删除就行。**久而久之，伤心的时长被缩短，很快就可以结束，同时也意味着可以很快地再开始新的感情。**若把感情的始末拉成一道波幅，在这个时代里，它就会快速得像蔡依林手中的彩带①，急促、华丽得让人目不转睛。

---

① 出自《舞娘》一曲的表演桥段。

没聊几句就立刻约出来见面，看对眼就上床，好感再多一点就尝试交往，接着就同居的节奏，我还是吃不消。没有照着预想的情节走，承受不起失败的结局，有几次爱情已经快贴到脸上，我却下意识地躲开，观望到最后对方都冷了，这出戏自然也散了。

　　这么多年，我依然很爱张惠妹的《记得》，MV里她哭着整理房子，原本是两人生活的空间，有一方先走了，晚一步离开的人独白清空房间，打包到一半出了神，独自一人流着眼泪、哼着歌，这样的剧情在我身上真实上演过一回。对方和新对象一起出现，把东西一袋一袋拎走，我像只离水的鱼被压在砧板上一刀一刀地剐，疼痛的感觉过了头，一整天恍恍惚惚，直到隔天醒来，看到洗手台上的牙刷少了一支，才在厕所里哭了起来。

　　MV中段，张惠妹挥舞着大塑料袋，捞满一袋空气，想把对方残留的气味留下。而我也有过相同的心情，舍不得擦掉镜子上的水渍，不想太快抹掉她曾经存在的痕迹，就连一张她曾帮忙把杂物寄到台东老家的快递收据，到现在还仔细收着。那是我第一次，也是最后一次把房间钥匙交给另一个人。

花多久爱一个人，就得花多久忘记。

若是曾经同住一个屋檐，

复原的时间就得加上无限的记号。

禁不起生活被再度撕裂，只好努力习惯什么都自己来。往后不论再怎么爱，仍然跨不过同居那关，跟别人一起生活其实没那么难，难的是要重新回到一个人的状态。

或许是到了向往安稳的年纪，这几年看着周遭朋友一个个买房、创业，找到可以稳定下来的人生伴侣；而那些打定主意单身，说好互相扶持到老，集资要盖养老院共用看护的同路人，却一个个栽回恋爱的旋涡，想趁着心有余力时狠狠爱一回，稳定交往的速度如击石之火，似闪电之光。

一直单身的Y前阵子顺利脱单，交往没多久就听说新对象住进了家里。我看过太多情侣在感情尚未稳定时就同居，最后分手，一人搬离，导致还住在同间屋子的人无法抽离的惨事，于是我劝她别贸然把钥匙交出去。但要是可以理智，那就不叫爱情，肯定是爱到一定程度才会让他搬进来住。

后来，几个朋友吆喝着去好久不见的Y家聚会，我爽快答应，带着几瓶酒想调侃谈恋爱就失踪的 Y。踏进那间别致依旧的小公寓，我想起上次来的时候 Y 还是单身，这回，家里多了一个人帮忙招呼我们。有人无意间撞倒了酒杯，一点没喝完的红酒洒了一桌，先冲去拿抹布的反而不是主人 Y，Y 向众人说："他比我还爱干净。"

这下，Y 出差时再也不用请朋友来家里帮忙为花浇水、喂养猫狗了，她渐渐知道满桌的餐具用完该怎么收，不喜欢过节的矫情气氛，就把浪漫小事用在日常，一人负责找饭店一人负责排行程，等待假期凑齐，一起亲身探访书里面的美丽风景，这一切在我看来都然是让人羡慕。离开前，再看了一眼门后的 Y，我确定她的这把钥匙给了她真正的安全感，看来我先前的劝说有些多余，因为屋内的另一个人在乎 Y 比在乎自己还多。

比单纯的陪伴更重要的是共生共存，把激情的部分留在门外，走得进生活的，得是一个不管再晚都愿意守着门，等你回来才肯睡的人。

12 别过度检讨自己，
失败的爱情只是不合时宜

单身太久，偶尔会寂寞难耐，但大致上也都还能用忙碌来填补，从头认识新的人，对我来说反而是种压力。我喜欢赖在老朋友身边，虽然总是重提往事，聊一些过去的话题，但安心感胜于新鲜感，几杯酒下肚，醉到一定程度，便撑着身体插播刘若英的《后来》，这么多年过去了，自己还是没有办法好好唱完这首歌，而且每次听都得忍着不哭。

歌词里的失落与悔恨，恰是我的感情写照。后来，刘若英拍了一部电影叫《后来的我们》，演到尾声，女主角小晓对男主角见清坦承："如果当时你有勇气上了地铁，我就跟你一辈子。"就此分开的两人，多年后再遇见还是喜欢，但梗在中间的是浓到化不开的遗憾。走出影院的那段路，我忍不住一直回想过往所有抱憾而逝的爱情，心里有个念头特别强烈："要是当初那么做，或许我们还会在一起。"

几年前，我和一个曾经爱到骨子里的人再次相遇，两人有缘走到了歌里唱的后来，我觉得自己好幸运，比起当初的自己，我总算更明白该如何去爱了。那段时光美得像电影，兜了一圈总算有机会从头来过，可是越相处就越感觉，眼前的她，已经不是曾经的那个她，而我，却还是我。

　　因为太了解彼此，所以没架可吵，偶尔会闹些别扭，但这些小争执也并非我想象中的甜蜜，直到某晚，她说："你喜欢的，应该是从前的我，可现在的我，不如你想的那样美好。"听懂了她的话，当下就决定不再与她联络，这一次我将不再寄希望于明天。

两个对的人被放到错误的时空，
结果还是错，有些人一旦错过就不再。

　　每每想到原本契合的两个人，在一起耗过了大半的青春，最后却连朋友都当不成，总有说不出的怅然。分开，离得远远的，仿佛从未认识过，是彼此最友善的距离。幸好我还能够振作起来，将重心转移到工作上，把感情生活漂成一张白纸，微小的纤维是交错的情绪，越细密越柔韧，单身者的海阔天空不简单。

　　电影里，见清终究没勇气追到底，这证明他不值得期待。看似浪漫的对白，其实得反过来听，她想说的应该是："我们注定是没办法一辈子的，因为当时的你眼睁睁看着地铁开走，却没有勇气留下我。"我终于把朋友的苦劝想透了。

白头到老未必是唯一的结局，要是当初没有离开，也不会有后来的我们，这段感情从头到尾，我都没真正地接受失败。

那次过后，我不再做如果能够重来的梦，正因为过去的已经回不去了，所以年轻时的爱情才特别值得回味，曾经天真地以为修饰掉不完美，两人就会幸福，但这种想法终究是一厢情愿。

一厢情愿的检讨是自虐，爱不到人已经够苦了，不需要再找罪来受，自我毁灭可没人同情。在还有胆子可以莽撞的年纪，我总会趁着酒意问对方："我哪里不好，为什么你不喜欢我。"把对方逼得讲出真话，清醒过后却无力收拾残局，总是想要得到答案，却没有能耐接受。

有机会再见已经足够幸运，而且我也不年轻了，没办法再去追一个遥不可及的梦。**不执着回头，把力气留着去追更多可能，还想要爱的人，就不该老沉溺于伤心往事，懂得珍惜的人，不会在昨天傻傻等你。**爱情之所以难得，是因为在对的时间、对的地点遇到对的人是很难的，破碎无非是另一种浪漫，至少唱情歌时有个对象能够缅怀，不合时宜是对于失败爱情的最好注解。

感情之所以难解，是因为身处其中的人对这段关系有太多的期待，有执着就会有不甘心。

只是，感情的事没办法只由一人做主，就连忘记也是一样。来不及跟过去和解，也还没准备好接受未来的深不可测时，难免会陷入一种"别人有，我却没有"的慌张。

在爱情里认真过也颓丧过，好不容易到了能侃侃而谈的年纪，就得有一种"我有的，别人可没有"的自若，不适合你的人，宁可不留。

关 于 爱 情

Chapter 3

刺耳的话要浅浅地说，真心话请包着糖衣

家人是最坚强的后盾，
遇到难解的家庭问题，换位思考才是解决方法。

01 冷战最伤人，
要知道有个人总是无条件为你付出

结束了一份被折磨得很惨的工作，让情绪缓了几天后，我鼓起勇气打给母亲说："我离职了。"电话中传来她的感叹跟无力，离职原因还没交代清楚，便听到一连串的误解，母亲认定是我平时散漫成性、办事效率差、四处结怨。

"不是这样的，你不要乱讲。"听我这么说，母亲立马"补刀"，说我就是因为态度这么差，不知道检讨自己，公司才受不了把我开除的。

"我不想讲了，以后也不会再跟你讲了。"将电话切断，往后家人再打来我都一律拒接。

类似的对话已经成为日常，我在心灰意冷时寻求家人的体谅与支持，却屡次遭到指责，我也曾试过跳脱事件本身的对与错，就沟通方式做理性检讨，但长辈总认为，晚辈凭什么可以指正他们？之后便以更猛烈的力道还击，不分青红皂白地恶言相向，双方都想喝止对方，像两辆相向疾驰的车，碰撞得支离破碎。我非常希望和家人进行对等的沟通，但没有一次能顺利收场。

端午节前夕，我跟母亲已经有大半年没说话了，父亲寄来的粽子，当时拆也没拆就扔进了冷冻库。如今失业在家，哪儿也不敢去，存款只有不到几百块，空荡荡的冰箱只剩那一大袋粽子，用旧报纸紧紧裹着。我数了数，一串有二十个，两串可以吃一个月，因为想省点伙食费，挨到稿费进账，于是每天尽可能睡过中午，撑到傍晚再拆一个来吃。

母亲向来严格，就连自己包的粽子也是如此，从粽叶的平整度就能强烈感受到这一点。她说粽子得使劲地拉，里头的料跟米粒才会扎实，包每一个的时候，母亲都要忍着扳机指 ① 的疼痛与不适，用棉绳紧紧勒紧，在三十几度的大热天里耗上十多个小时，备料、包粽、煮熟之后还要泡凉，步骤相当烦琐。

原来我不是一无所有，热粽子时锅里水气雾茫茫的，好似母亲炒菜的白烟，吃到第二个星期，我突然难过得掉下眼泪。好想

① 扳机指：英文名 Trigger Finger。是手指使用过度，肌腱和腱鞘过度摩擦，而导致发炎及狭窄的现象，患者会有手指无法伸直和不适的状况，多发于劳动频繁的族群。

回家，可是我凑不出往返的车票钱，只能在租来的小公寓里待着，渴望被安慰的心情大过于渴望被理解。那段忍着想家跟饥饿的时光里，我的倔强无济于事，也无可救药。

叛逆，只是为了证明自己，每做对一件事就想急着跟父母讨称赞，无奈传统的家庭总认为孩子夸不得，习惯贬低孩子的自信，觉得顺便数落几句，才是正确的教育方式。原本只是报喜不报忧，到后来连喜也不报了，在外头吞下的苦，若是和家人说多了，就感觉像是在示弱，示弱就证明自己的决定是错的。得不到鼓励也得不到安慰，却换来父母更多的不信任，时间久了，孩子只能改用沉默来表达抗议。

无论在职场还是在生活里，我都还算是善于沟通的一方，但碰到父母亲总会没辙。几个年纪稍长的朋友劝我放低姿态，岁数大了，**谁都吃软不吃硬，主动求和没什么大不了，爱比恨轻松多了，不是吗？**

嫌隙的源头是误解，

听不到想要的回答就用冷战应对，

僵局越久越难解。

在成长的过程里，我希望父母至少能做到感同身受，可是无论我多么努力地去还原事发经过，他们终究不是我，没办法理解加在我身上的压力有多沉重。**打给父母的电话不单纯是为了报平安，只是想获得理解与安慰，但也不想把问题带给家人**。既然这样，不如先把真实的情绪让对方感受到，若一开始就让母亲明白我难受得想哭的心情，再缓缓吐露离职原因，先动之以情，再晓之以理，想必会得到预期的心疼跟理解。

夜里，我主动打电话给父亲问起母亲的事，才知道原本母亲今年端午不想折腾自己，但想到我现在没有收入，一定不敢回家过节，即使她的手再不舒服，也想包几个粽子给我，十个家里留着吃，十个送人，剩下四十个全寄到了我这里。父亲劝我脾气别那么倔，母亲说话虽然不中听，但总是无条件为我着想的。

过了一会儿，我默默在手机上输入母亲的手机号码，按下通话键，想借故说粽子很好吃，放下姿态认错，都还没开口，就听到她着急地说："打过去你都不接，不知道你这阵子过得好不好。离职之后，最后一个月的薪水有没有拿到？妈妈不需要人担心，工作再找就有，你把自己顾好就好。"

"嗯。"我哽住泪水，一声"好"也挤不出来。

02 我有的时间不多，但愿意全部给你

记得刚上大学时，没什么安全感，动不动就跑回家，慢慢地，在异地交到了朋友，建立起新的生活圈，回家的频率便越来越少。到后来，想省钱也想省时，变得只会在过年、母亲节和中秋节才特地回家一趟了。

我始终都认为，跟父母偶尔见面是最理想的距离，许久才见一次反而会更想念他们。刚刚进入杂志社时，时常没日没夜地赶稿，打乱了一年三次的返乡频率，有时忙到年夜饭要开始的那一刻，才踏进家门。

某年的母亲节碰到截稿，原本说好周五下班就去搭车，正好能赶上周六中午的家庭聚餐，却一延再延，从午餐改成晚餐，晚餐赶不及就说隔天中午到。最后拖到星期天傍晚才准备去搭车，突然接到哥哥来电："你到底要不要回来，若是不看重这个家，其实可以不用再回来了。"

我既无奈又生气，压着愤怒解释自己的工作有多忙碌，气冲冲挂上电话，心里想着车票都买了，还是回家吧！一个人终于回到夜幕深沉的台南，沿路却拦不到出租车，只能拎着行李徒步四五公里回家。回到家，父亲急急忙忙从沙发上起身："怎么不叫我去接你？"原来他在等我回家。

哥哥说："知道你要回家，母亲从好几天前就开始准备，嘴里念着你爱吃的菜，五六点就去市场抢鲜，整桌饭菜冷了再热、热了再冷。不想打扰你工作，却对着其他人发了一顿脾气。"要我自己去跟她道歉。

我轻轻推开母亲的房门，把头探进门帘，发现电视还开着，她半眯着眼说："世丰，你回来了喔。"

我低声回道："妈妈对不起，这礼拜工作比较忙，不是故意要那么晚才回来的。"

自有记忆以来，这是我头一次这么自责，我主动向母亲道歉，而她也仅是平静地说："没关系，回来就好。"躺在床上的她面容非常疲倦，想等我回家，但却困到没有力气。

合上房门，我下楼吃完了已经冷掉的饭菜，煎鱼、炖煮虱目鱼头、鱼丸汤……都是再家常不过的菜色，母亲挂念着我爱吃鱼，为了一起好好吃顿饭，全家人都留着一份心在我身上。我突然想去紧紧地拥抱难得见面的家人，**这么多年只身忙碌在外，容易忽略家人的爱，现在才明白，对我来说习以为常的事，对他们而言却是难得的**，要是我能提早把工作做好，还是能赶得及回家的。

能多留一次快乐的记忆，

舍掉不必要的自我，成就更圆满的结局，

是对家人最直接的报答。

"妈，我要回台北啰。"

母亲弯腰翻着冰箱，说："苹果要不要？你不喜欢吃橘子就留着给你爸。""包子昨晚帮你冷冻了，我用报纸包起来不容易化。""橱柜里都是你爱吃的饼干，你想要的话可以带走。""这次卤的猪脚好吃吗？好吃我再卤一锅寄去给你。"看着她进进出出，把大包小包仔细叠好，用三层提袋包着拿给我时，我才意识到这份爱太多、太重了。母亲笑着说："你坐车回台北，好拿吗？"我心里想：提不动，我就用抱的，再怎么不方便也一定要全部带走。

从"去"台北变成"回"台北，家的位置被时光巧妙地置换，听在她的耳里想必是刺痒的。转眼间，我已经长大到好像什么都可以靠自己，不需要再赖着家人，也不需要顾虑到他们的感受了。碰上一言不合的时候，还总是用离开、不回家来作为报复，电话另一头的声音逐年微弱，已经没力气再和我做无谓的争辩，但赢了这局，我却一点也开心不起来。

父母越无私我越内疚，哪怕他们的记忆力再怎么衰退，都能牢牢地记住我喜欢什么、不喜欢什么；他们的体力已经不再强盛，但只要我在家，不管多晚总会撑着身子想和我多聊几句，忍着困意，看看我最近是胖了还是瘦了。**而我每一次在外头吃了亏、受了苦，才发现有个地方能回去，安安心心地待着有多么幸福。**

这些年我的生活方式改变了不少，外面的世界总是熙熙攘攘，我实在是懒得应付那些半生不熟的人。朋友聚会太多没有意义，密集的相处只会让话题越来越细碎，反而失去分寸，不如回到真正的家，舒心地待着。

紧抓每次跟家人相处的机会，别让父母只能捡拾我们零碎的时间，他们是我们的后盾，但别以为这样就可以把他们摆在最后顺位。**父母的时间所剩不多，却愿意把这些时间全部留给我，无论多晚都会等我回家。孩子的能力或许有限，能回馈的不多，但就时间而言相对富足，所以要尽可能地给予家人更多的陪伴。**

03 为母则强，
每个女人的勇敢都是妈妈给的

S 的母亲二十五岁时怀了 S，而 S 在二十六岁那年，迎接了自己的女儿来到世间。在同辈纵情玩乐的年纪，S 决定要生下孩子的勇敢，足以对抗整个世界。听到她怀孕的消息，我就很清楚地知道这女人是来真的。

我跟这家人似乎特别有缘，S 是我的瑜伽老师，更是知心老友，她可爱的女儿今年刚上小学，S 的母亲和我是网友，我们的相识源自一则脸书动态。某天下课，S 突然抓着我说："我妈给我看了一则脸书动态说讲得很好，我发现那个人是你，她正在看你的脸书。"被家长关注的体验很新奇，而让她拍手叫好的是一则我痛骂"路人在骑楼撑伞，插到别人眼睛"的动态。当时心想 S 的母亲肯定不是寻常人，果真如此。

以前我从没和别人深聊过家务事，因为客户想找一对漂亮的母女当广告主角，有了机会做一次另类的家庭访问，这才知道 S

跟她的母亲都是单亲育女。我们这辈人习惯晚婚，二十六岁怀孕生子已经是不得了的大事，结果 S 发现跟男友对未来没有共识，便毅然决然地分手，铁了心要自己把孩子拉扯大，这更是惊世骇俗之举。我说："你是不是疯了，你还那么年轻，就一个女人带着小孩。"她很坚定地回答我："这是我的骨、我的肉，我会用生命的一切保护他、爱他。"

守护所爱是女人的天性，

哪怕用自己的生命去换下一代的安稳。

相识多年，相熟的人都知道 S 很倔，但直到踏进她家的门，才见识到有其女必有其母，两个言谈间灿笑如花的女人不爱争吵，却习惯用冷暴力。一次重病，S 的母亲自己住进医院，拒绝所有人探视，赶往医院的 S 被拒于门外，只得到一句："我现在人不舒服，需要好好休息。"

S 用歇斯底里的口气说道："我非常不理解，因为这件事，我一个人站在楼下大哭，还生了好久的气。"

这样的倔强与坚硬听起来很熟悉，我忍不住问 S："这根本就是你啊！你也会这样。"

S直言不讳地说："对！我承认我很像我妈。正因如此，我经常通过对方的反应来检视自己是否言行失当，检视自己是不是又变成了她。"

两名性格刚烈的女子要一起生活，不是容易的事，只有在成年以后才能慢慢拉近距离，像朋友般成熟地对话，挑男人的眼光、价值观、人际关系，甚至小孩出生后的教育观念无一不谈。

母亲是"虎妈"，孩子跌倒了她绝对不扶、不安抚，更不准哭，反而在背后大声喊着："S赶快爬起来，你是我的女儿，应该要勇敢一点。"听到这里，我忍不住说："妈妈一定觉得你就是她，走过的路再曲折，都不允许你轻易哭泣。"

每个做女儿的，总有意无意地保留着妈妈给的性格和脾气，再交由岁月修整，期待成为更好、更圆滑的女人。

当妈之后S开始懂得了体谅，她感叹着说："与其说是谅解，倒不如说是理解，当了妈妈才算真正长大，感受到很多事情其实是不得已。生活不是简单的机制，为求安稳，必须做出很多妥协和让步，就像是单亲这件事。小时候很困惑自己有爸爸也有妈妈，为什么两个人不能在一起。直到角色转换，我才发现在自己成长的过程里，妈妈给的其实已经够多，也够努力了。"

一夜长大的 S 变得特别柔软，她用全部的勇敢回敬外力施加在身上的疼痛。同龄女子还在游戏人间时，她已经把心定了下来，受了伤也用尽方法想赶快痊愈，生怕漏掉孩子任何一个成长的阶段，任何一个生存的机会。她打定主意，再怎么忙都要陪女儿长大，陪母亲变老。很难想象年轻时的她活得自由自在，如今却不再顾着自己浪漫，而是落地，然后稳稳地生长着。

身为屋子里唯一的外人，我被她们柔中带刚的亲情给牵动着，三个女性支撑着彼此的生活和情感，延续两代"为母则强"的能量。几年间，从女孩成长为女人，再变成一名母亲，好像被亲情紧紧绊住在生活里，我问 S："你感到最幸福的一刻是什么时候？"

她连想都没想就回答："就是现在。"她的视线忍不住往女儿身上飘去，再侧过去看了母亲一眼，这个镜头太美，像是一出再温馨、再励志不过的女性电影。

04 带父母出国远行，是为人子女必要的修炼

　　我的抽屉里一直收着一张明信片，是当时一家人去京都，打算在旅程的最后一天寄给自己的。那是我第一次带爸妈出国，而哥哥、嫂嫂和弟弟也难得同行，头几天内心难掩激动与兴奋，难道这就是所谓的天伦之乐？当时心想，要是在人生终点的跑马灯时漏掉这一刻，我可是会立刻回光返照，起身喊："Cut（停）！"

　　初次带长辈出国，本以为可以拥有一次完美的出游，没想到好景不长，这张明信片最后却来不及盖上邮戳，更没心情写下感性的字句，因为旅行结束前的倒数第二天，我和家人在一家烧肉店大吵一架，吵到在闹区的大马路上扬言要各走各路。

　　他们在药妆店不断比价，一发现买贵了，便试图退货到另一家店去买；一走进百货公司就像掉进黑洞，时常为了折扣卡关，出国的每分每秒都在花钱。我想把时间放在享受景点，或是带家人吃些美食上，花太多时间购物我会认为是浪费时间。

旅行第四天，我们早早出门前往京都的热门景点，我的脑海里已经规划好要拍下大量的美照留念，甚至准备放在脸书上晒晒亲情。一行人从大阪住处搭电车再转公车，好不容易赶在清水寺年度整修的前几天抵达清水寺，父母亲却因脚酸而选择待在附近的商店街，一家人没办法一起在清水寺前拍张照，我觉得实在可惜。

晚餐才是矛盾真正的引爆点。母亲想折返回大阪吃烧肉，就算要花上两小时的车程也无所谓，但好不容易请当地朋友订到京都名店，怎么可能临时取消呢？为了不让自己变成别人眼中的失信者，我好说歹说总算把一家人劝进餐厅，但这顿饭却吃得非常冰冷。

或许是几天下来忍耐得太久，我从大家的对话里就嗅得出火药味，父母开始抱怨起廉航机位不舒服、落地过后不断更改行程等，最后一个失言，情绪就彻底失控了。一路要扛着带团责任已经够累了，现在听到别人数落自己的不是，还得硬着头皮走完全程，我心里非常难受。

后来，我跟母亲冷战了好一阵子，几个曾带长辈出过远门的朋友听完我这趟从天堂到地狱的旅行经历，也给了我一些实用建议。多数人一致认同多花点钱请导游或跟团是个不错的选择，但我生性热爱自由，且遗传到母亲的勤俭持家的传统，所以不想放弃自由行。

虽然当初撂下狠话，说带长辈出门旅游简直是噩梦，扬言不再接这种烂摊子。但事后回忆起这趟旅行，发现确实有很大的改进空间。父母一年一年的老去，能一家人出远门的机会实在不多，于是在此理出一些对策，希望可以帮助有志要当乖儿子、乖女儿的朋友重建信心。

遇到难解的家庭纠纷，换位思考是灵丹妙药，

好的家庭关系是从相互体谅中培养出来的。

父母并非是心理跟生理素质都与我们相近的旅伴，他们年纪大体力也差，多数长辈没办法久走，所以热血用到三分就够了，一天内别塞太多行程，尽可能安排定点旅游，这样可以免去舟车劳顿之苦。只要有好吃好看的，就算整个下午耗在同一个地方，能跟家人、孩子相处，对他们来说就是最棒的回忆。

也因为这趟旅行是自由行，我们花了不少时间找路和等待。**多数长辈只要出了家门就容易没安全感，人到异地更会不安，心**

慌变成任性，这在子女眼里看来就像是无理取闹。所以要花点时间，放慢脚步，先了解父母的真实需求再做安排。

像日本这种有很多好吃的、好玩的国家，自己逛起来可能也会"嗨"，更何况是长辈。爸妈不喜欢子女乱花钱，会在比价上浪费太多时间，所以事先研究好商场的折扣季，就能避开僵持的场面。孝心要做到足，精打细算选择廉价航空的时候，记得帮长辈选个舒适的位置，该有的服务不要省。几个好友极力向我推荐体验旅游，可以事先在旅游网站选好套装行程（Local Tour），安排好观光景点的导览跟接送，这种旅游方式也很适合参与当地的文化体验活动，长辈想要的是与家人相处的感觉，而不是赶行程，所以步调慢一点也无妨。

"冷战"后，家里只字不提这趟烂尾的家庭旅行，但我心里还是很期待以后能再和家人们一起出国。换到另外一个环境磨合彼此的感情，是为人子女必要的修炼。

05 别急着挂电话，想听你的声音是心灵求救

初入社会的我心气很高，总觉得自己有点能耐让世界转动，可以主宰生活里的大小事，便认为自己就是王了，所以经常挥霍周遭的善意。由于个性急躁，父母多讲两句不想听的话，就认为是啰唆，口气虽不至于不耐烦，但我习惯了用忙碌来搪塞，让对话结束在三句之内。

说也奇妙，父母总能在我们玩得最疯、最"嗨"的时候打电话来。半夜一点多，我跟几个朋友在夜店喝到忘我，电话响起，来电显示是母亲的照片，于是我刻意没有接，想等隔天清醒一点再说。但当天母亲却很反常地打了第二通，我急忙走出夜店，找到一条安静的暗巷，回拨给她。

"在睡觉吗？弟弟有没有打给你？他跟我吵完架说要离家出走，一个人三更半夜跑出门，现在联络不到他。"

母亲怕吵到我休息所以欲言又止，听到电话里的声音有些沙哑，我下意识地想接住她的话："你不要难过，有事可以跟我说，你慢慢讲。"

那晚，母亲把压在心底的无奈与埋怨一口气都吐了出来，她不断自责并解释着为什么她从小那么严厉地管教我们，她告诉我之所以习惯把难听话说在前头，是怕我们不知天高地厚，到外面受了苦，会回过头来怪她没有早点说。

"处罚完你们，我常常就躲在房间哭，当妈妈的也有压力，但没人帮我，我的辛苦能对谁说?！"我连忙安抚着母亲，答应她会发消息给弟弟确认安危。我坐在路边的摩托车上，握着手机不发一语，想象着多年前的夜里，外婆是否也在用同样的口气哄她去睡。

上小学的那几年，家里在越南开厂，父亲一年到头往东南亚跑，一待就是好几个月。每天总要等到孩子睡了后，才是属于母亲自己的时间。

小时候我胆子小，又是独自睡一间房，时常被灵异节目吓得必须开灯睡，任何一点风吹草动都能让我失眠。家里每个房间都有电话机，只要红灯亮着就表示正在通话中，我就会蹑手蹑脚地躲在楼梯口听母亲打电话，只要电话是打给外婆的，就一定会讲到很晚。那晚我听到啜泣声，急急忙忙跑向前问："妈妈你怎么了？为什么要哭？"

母亲被我突如其来的举动吓到，擦着眼泪说没事，又对电话另一头的外婆解释说是我还没睡，连忙挥着手要我回房间。几年过去，电话亮红灯的频率减少了很多，外婆过世之后，母亲再也不会一通电话一讲就是一小时。从前一受委屈，她总会握着话筒跟几个阿姨分享心事，当时没有通信软件，也不擅于用文字传达心情，所以太难说出口的话，她全都往肚子里吞，虽然百般不愿，但母亲好像又长大了一次。

一个人真正的成年礼是离开家的保护，凡事都得自己扛的那一刻，无关年龄。

小时候，总觉得爸妈是垮不了的长城，护着我们，想看远一点就总是往他们身上攀。等到我羽翼渐丰，凭着十多岁的傲气就想挑战全世界，面对四十岁正值人生巅峰的他们，难免产生冲突。二十出头学不会体谅，三十过后我每看一眼，他们就更沧桑一些。

在人生最有能力的时候，父母已近迟暮，

舍不得放掉任何对话机会，

遇到负面情绪，需要更有耐心。

某天早上，我正站在镜子前整理仪容，准备面试新工作，连我都忘记何时向母亲提过今天的面试，母亲却记得清清楚楚。一大早就打来问我起床了没，叮嘱我穿得体面一点，待会主管问话的时候口气要诚恳。母亲生怕她的电话会打乱我的生活节奏，所以打这通电话前她肯定已经挂念了我好一段时间。我刻意拉高声调要她别担心，并表示面试结束后会跟她说一声。

离家将近二十年，爸妈早已无力干涉我的生活，在逐渐失去交集的日子里，能听听子女分享近况会让他们多许多安全感，就算只是坐在路边吃面这样的小事，都能让他们觉得自己参与到了子女的生活之中。所以啊，再和父母联系时，**别急着挂电话，试着把再简单不过的问候变成轻松愉快的聊天。能在忙碌的生活里，借几分钟与父母说说话，对彼此来说都是件不容易的事。**

母亲的生活圈很小，出了方圆十公里就会不辨方向，但我的声音、我的关心，总能把她带到我的身边。

06 刺耳的话要浅浅地说，给爸妈的真心话请包着糖衣

"你这个周末会回家吗？"

"看这几天的工作进度能不能赶完。怎么特地打来问？"

"没什么！阿姨说要帮你介绍女朋友，就住我们庄里，听说家里条件不错，在国外念研究生。"

"妈，帮我跟她说声谢谢，不要麻烦了。"

电话里，母亲的口气特别温柔，不用想就可以知道，肯定是有大事要发生。我以前总以为相亲这种事不会发生在我身上，没想到这一天终究还是来了，耳边响起"剩男"的人生序曲，心慌的我一时抓不到音准，急急忙忙地回绝。

早些年，我一再被逼问感情状况，父母老是操心我结不结婚，他们先是试探性地问，问久了也都只能得到同样的答案，于是便

偶尔才提起。但是他们这几年总是有意无意地劝我，言语也从命令句换成祈使句："如果你未来成家……"用温情的字眼来包裹威胁。为了摆脱无止境的追问，我愤怒地回复他们："这是我最后一次回答你们。"一句话自丹田冲出，整间屋子被震到无声。

逼婚的话题一直没有断过，于是我决定坐下来跟父母好好谈谈："如果遇到不对的人，得不到预期的幸福，整天吵吵闹闹，最后撑不住以离婚收场，那么我心里的苦谁又能帮我承担？若是我顺了你们的意，结了婚之后你们就会开始问何时生小孩。抱孙子是很开心，但有了小孩之后，生养问题怎么办？你们能担的责任有限，能帮忙的时间也有限，到时候养家的压力会全都落在我身上。原本只用担心我一个人，又会变成担心两个人、三个人，你们与其一辈子都在烦恼别人的事，不如好好想想退休后的日子可以怎么过。"

"其实你也不用那么悲观。"

"别再烦我的事了，好吗？"

我把压在心里的话全吐了出来，父母的话我听不进也不想继续和他们讨论对婚姻的看法，爸妈愣在沙发上眼眶泛红，碎念着说："好啦，不说了。"口气有些颓丧，但也无可奈何。自从那一晚过后，再也没人敢提结婚的事。

隔天一早我准备回台北，父亲开车载我到高铁站，这段路途我不是盯着手机，就是用社会时事和新闻填补空白的沉默时间，亲密跟尴尬的拉扯，是半生不熟的父子交流。本来也想多说一点心里话，却又怕被逼问一些不想回答的问题，尤其是感情状况，所以只能矛盾地打着官腔。

下车之前，父亲终于耐不住地说："我们是担心你，不是要逼你，不想结婚的话没关系，但你的话说得那么重，我们听了也很难过。"

高涨的情绪是烧烫的枪管，

莽撞发言会变成从嘴里发射的子弹，

心即使不是玻璃做的也会碎，

伤到家人，他们又何其无辜？

和爱你的人沟通，如果每句话都得一针见血，该有多残忍啊。父亲让我知道，那一晚他们有多不好受，即使在睡前，想的也不是我的出言顶撞，而是觉得我的个性强硬，怕我一个人过得不好，怕我孤单，所以到头来，他们也还是在担心我。

小时候我最怕吃药，母亲用温水把药粉和在铁汤匙里喂我吃药的情景，至今想起仍会让我头皮发麻，那味道实在恶心，喝到嘴里来不及过舌头那关就会吐得满地都是。后来她把感冒糖浆和在里头，轻哄着我说："把这些喝下去，病才会好。"说也奇怪，就凭着这一点点甜味，药粉竟变得顺口许多，吃药也不再是我的噩梦了。

为子女操心是父母戒不掉的习惯，既然我们知道父母焦急的源头是爱，那一切就更好说了。我们试着不让彼此纠结于对婚姻的辩论，**把原本真实到有些不顺耳的心底话，包一层糖衣再说出口，就像当年母亲希望我乖乖吃药一样，用安抚的口气劝我，药虽苦口，但有能更好入喉的做法。**

碰到双方立场不同的情况，不撂狠话是为了留点空间维持自在，面对不认同的观念仍要安静倾听。若有心沟通，那么"力道"要放到最软，软到不需咀嚼就能够吸收。舍掉"你"跟"我"的主词，用"爸爸""妈妈"这类最亲密、最日常的家庭称谓，多提"我们"，同时，准备一些资料佐证自己的想法，好让爸妈觉得你不是鲁莽做出的决定，避免被爸妈认定为任性。

之后，我会不定期分享近况，让爸妈知道那是我想要的人生。创业初期，我不想让成家成为我的负累，只想专注在工作上，至于往后谁来陪伴我，只能说一切随缘。一有时间，我就会和爸妈聊聊人生规划，想成立工作室、出国进修这类大事都去找他们讨论，我不怕被否决，只是想听点不同的意见，这并非坏事，不过想要把他们古板的观念扭转过来，得靠"三分糖"的说话技巧。

心安人就安，自从把家里两尊"活菩萨"给安奉好后，人生从此有了他们"坐镇"，往后再遇到亲朋好友问起婚事，母亲就自会起身主动挡枪，帮忙解释说："缘分未到，年轻人工作还没有成就，这事不急。"这样一来，气氛反而轻松了，多好啊！

07 重修与长辈相处这堂课，别太快拒绝他们的请求

记忆里，父亲腰间总挂着一个黑色方形的小皮套，里头藏着一支"大哥大"，磨到数字都模糊了还不肯换。他总是开着一台老福特，匆匆忙忙地从外面回来，一会儿发动机器，一会儿跳上蓝色小货车，要和他说上几句话都很难。

若有空闲的时间，他一定会问我功课写了没、考试考了几分，就是没时间听我分享学校老师教了什么。总是还来不及结束对话，来电铃声便再度响起，接电话之前还不忘先赶我上楼回房间看书。

父亲退休后的生活变得清闲许多，"大哥大"不再是"大哥大"，手机还不如一支电视遥控器，偶尔有老朋友打电话来嘘寒问暖，他才从躺椅上惊醒，接着就会听见熟悉的洪亮的问候声："喂！陈先生，好久不见，最近可好？"

切断电话之后，父亲小声地问："我的手机有没有上网功能？"

疑问很快就被哥哥打断："手机要上网做什么？万一不小心下载了付费功能谁付钱？上面有很多诈骗知道吗？"

"啪啪啪"接连三个问句，难得有央求口气的父亲，被堵得一阵沉默，嘟囔着："我的那些朋友都在用 LINE 传图片、发讯息。"

两代的隔阂来自缺乏交集，父母有求于你是个好时机，解决问题可以增加双方的信任感，再疏离的关系都能得以修复。所以，别太快拒绝长辈的请求，无论如何先接过橄榄枝，因为往往在你帮忙想办法的同时，两边的心就早已柔软下来了。

父亲的手机型号太旧，就算连上网络也不能灵活操作通信软件，刚好赶上他的手机套餐到期，我就让他自己去续约，顺便换一个流量套餐和智能手机。父亲从营业厅办完手续，回到家第一句话就说："我不知道上网的手机那么贵，一个月要付两千多块（台币）。"我们发现爸爸被店员当成了"肥羊"宰，绑定了一堆无用又昂贵的附加服务，哥哥气得差点把柜台炸掉，他去退还手机、解约，然后陪着父亲到另一家店购买。

对爸爸而言，智能手机就像一个学校，开学第一天总有问不完的问题。拍完的照片要去哪里看，录完视频要怎么传到群里，朋友传来的图该如何存取，等等，哥哥跟弟弟被问得不耐烦，爸爸又不敢特地麻烦我，所以每次都得忍到我回老家，父亲才把手机拿出来发问。

没过多久，母亲也"入学了"。她的要求相对简单，只想专攻 LINE 跟脸书，但很快又被儿子们否决，她提过好几次还是不得其门而入，于是难掩失落地说："每次人家在讨论脸书，我都不知道他们在讲什么。"我坐到她身边，把手机拿过来说："妈，我来帮你申请脸书账号，但你加了好友就默默地看喔！"母亲回道："好啦！好啦！"口气难掩兴奋。

当父母老了，就做他们的眼，

把辽阔的世界带到面前；

当父母老了，成为他们的拐杖，

有人作伴，便没有去不了的地方。

有了脸书账号，跟母亲的话题就不再仅有家务事了，线上线下，我们之间有了无限辽阔的宇宙，聊聊亲友近况、看看别人家的小孩、听她讲些刚学到的养生新知，偶尔我还会"吐槽"

那是假新闻。

某个下午，母亲特地打来电话炫耀，说她接到一通诈骗电话，还能冷静应对。"刚刚有人打来说哥哥被绑架了，但我知道那不是真的，他人在楼上房间。这个我在网络上看到过，都是假的啦！"我听完也哈哈大笑。

跟长辈相处的这堂课，我一直没有及格，因为**我始终用眺望的角度去看待两代的关系，其实两代之间最融洽的位置是低一点、近一点，或者根本不需要有距离。**于是我决定拉父母一把，因为我担心科技世界有太多恶意，而他们没有抵抗力，会错把陷阱当生路。这些年常见的假新闻、诈骗信息都源于认知的落差，不肯花时间填平数字鸿沟，不想去教又嫌父母无知，等到他们辨识能力变得更差，肯定会惨跌进各种陷阱。

每当我回老家，晚餐结束后，便会教一堂手机课，拿着他们的手机指着屏幕，一步一步教学，连最简单的存取功能都得再三确认他们有没有学会。要是教得太快，母亲就会推着眼镜，把脸凑到我的肩旁，那种温热的感觉熟悉又陌生，我甚至想不起来上一次两个人靠得那么近，究竟是什么时候。

08 家最完整的状态，
是情感上的相互需要

毕业前，我卯起劲来打工，一满十八岁就急着翻开报纸的求职页，用秃鹰猎食的眼神，扫描所有关于"兼职""假日工读"的字眼，挨家挨户地打电话，随时准备面试，好不容易才被一家中餐厅录取，之后我还去咖啡厅、KTV、铜盘烤肉、港式茶楼这些地方做过兼职，体面与否从来就不是我挑工作的原则，只要有人肯用我，能让我脱离父母的经济掌控，我都愿意试试。

某次，碰到父亲的老客户来吃饭，回家后母亲说了一句："不知道的人，还以为我们家境多差呢。"我受不了她情绪性的言语，更加深信唯有弱化父母的角色，我才能够真正独立。

"养你那么大说你两句都不行，有本事就滚出去。"

"不用你养，我自己会想办法，有能力的时候我会尽快搬走。"

又是一次激烈争吵，他们动不动就要把我赶走，于是高三升学我刻意挑了北部的学校，想离家越远越好。放榜当天，我兴奋地在房间内又叫又跳，终于如愿以偿不用再"寄人篱下"。在台南的最后一天，家里的生意得看顾，父亲走不开，是母亲和表姐开着自家的小客车送我去学校的，她们把行李厢塞满杂物，我抱着电脑主机跟一床棉被坐在后座，看着窗外的景色渐渐从农田变成高楼，憧憬着未知的生活。

抵达校外宿舍，帮忙把整车的杂物搬上四楼之后，母亲站在房门口盯着我拆行李，我则要她早点回家。

"妈，你们趁着天还没黑，赶快回家，晚上开车很危险。"

"那……我们要走啰。"

"好，我自己可以的。"

"想家的时候就往南方看。"

听得出来母亲在用玩笑的话语掩饰对我的不舍，我急着把她们送到门外，站在阳台上挥着手，目送她离开。看着车绕下山路，慢慢消失在视线里，我深吐了一口气，分不清是轻松，还是不安，家终究是离开了，要回去也很难了。某次家庭聚会，表姐才说出那天上车之后，母亲就一直别着头，抓着腿上的包包紧盯着窗外，从后视镜看到她一路上眼泪都没停过。

孩子能够独当一面、财务自由，对父母来说是莫大的安慰，但连情感也不想依赖他们，开心难过也不愿意与他们分享，这无异于是一种冷暴力。我努力挣脱上一代的束缚，却没想过他们也被上一代束缚着。父母忙着赚钱撑起更好的生活，能够生养后代，只不过，**他们只知道一味地给我们他们能给的，却没想过这些是不是我们想要的。其实，父母只是纯粹地希望我们需要他们而已，但我却没想过这一点。**

**太习惯得到，会豢养出任性的巨兽，
反过来对已到手的好处也会斤斤计较。**

若觉得外头的人给得了自己温暖，家里就更待不住了，不希望父母特地为我做什么，因为不想要也不需要。若有人向母亲问起我，她总会形容我是在台北工作的二儿子，平时很少回来，这听起来多疏离啊。

成年人也总有扛不住压力的时候，状况最不好的那年，我失业又被朋友背叛，是母亲先发现我的异状，她打电话要我搬回去，告诉我再怎么样都仍然有个家可回。没料到我从十六岁就想逃离的地方，却变成了最安稳的避风港，绕了一大圈，最后发现父母仍在原地等我，从未离开。住在家里的那段时间，父母每天都会为我准备三餐，把洗干净的衣服叠好放在床头，半夜见我房间灯还亮着，会走进来假装拿东西借机关心，我们在各自的角色里慢慢活了过来。

我对家里始终有着误解跟亏欠，所以每次回家不忘带着一堆保养品、香水、包包孝敬母亲，她总是笑眯眯地收下，最后我发现礼物都被收在梳妆台抽屉，连拆都没拆过。我这才明白，原来"不被需要"也是变相的情感剥夺，好像硬生生地把心头肉给拽下来，很痛、很痛。

物质给予的力量远不及情感交流，真正爱一个人是不会想从他身上得到些什么的，反而是拼了命想为他付出。家人更不例外。

对母亲来说，最棒的礼物就是我赖着她。难得回家，我特地早起，硬跟着她去了菜市场，母亲在常去的老摊付完一碗鱼羹跟一碗碗粿的钱，像个大人似的说待会再来带我。睡前，我从行李中抽出一件新买的衬衫问她好不好看，她戴起老花眼镜帮我把每颗扣子缝紧，边缝边念："连缝扣子都不会。"这一切都像我们还住在一起那样。

09 试探出父母最深层的恐惧，像知心好友般陪在身边

"医生说我有抑郁症的倾向，但不用担心，我有在吃药控制。"

几年前，母亲因为检查出甲状腺恶性肿瘤而挨了一刀，整个人元气大伤，连说话都有点困难。平时她总是拉高分贝吆喝着家人，现在为了不让她有机会碎念，我们几个大男人总是有默契的谦让着她。早些年父亲经商失败，经济状况一度坠入低谷，这让她焦虑成性，总会在半夜惊醒，但又不敢起身让家人知道自己整夜没睡，只得在床上翻到天亮，隔天还得面对一堆债务跟家事，稍有摩擦就容易产生消极情绪。

日子一久，我总会安慰自己，吵吵闹闹也是一种幸福，所以她的情绪或高或低，我都没认真当一回事。可是爸妈终究是凡人，他们的内心需要被倾听，心理素质再坚强的人，也受不了每一次遇到困难都没人搭理，面对剧烈的挫折感无计可施，最后便会积郁成疾，成为别人眼中的古怪脾气。

"妈妈的气话听听就好，不要回嘴。"父亲总这样劝我。

置之不理会让病人的身心状况更加恶化，

照顾三餐嘘寒问暖未必可行，

重病时刻需要家人陪伴，而不是看护。

自从那场病后，母亲的脾气变得异常古怪，总竖着刺，像刺猬般让旁人难以靠近，沟通也不是、顺从也不是，争吵的方式变得更加无理。爱把狠话撂到没有退路，动不动就说再过几年自己就不在了，等到她走了就不会再麻烦大家之类的话。接着把自己锁进房门，房间里便传来阵阵哭声。

有一年，我们过了一个没有母亲出席的母亲节，几个人叫了外卖到家里，但不敢发出任何像庆祝的声音，大家不动声色地结束了那顿饭，然后各自回房。怕触怒母亲的我只能发消息安抚她，却没有得到回应，那时候我以为她是想要冷静。

隔天早上，发现她房门是开着的，但没人在房内，几个兄弟分头联系亲友，大家觉得母亲好像是离家出走了。我用手机的定位系统查询，发现母亲的手机位置在五公里外，约莫是三阿姨家附近，于是赶紧打电话去问。

"阿姨，请问我妈妈在你家吗？"

"她没有来耶。"

"好，如果她有去的话，跟她说我们在找她，请她回个电话。"

"好的。"

阿姨的口气太过镇定，很显然是套好的台词，挂掉电话之后，我们稍稍松了一口气。我叮咛父亲，虽然知道人在哪，但一定要让母亲感受到一家人在急着找她，打了很多通电话给任何有可能在她身边的人，还希望别人转述大家心急如焚的感觉。果然，经过一天一夜的煎熬，母亲房间那扇原本打开的门再度关紧了，离开家前，我站在门外轻轻喊着："妈妈，我准备回台北了，你有事再打电话给我。"

就这样折腾了大半年，母亲的状况一直没有好转，父亲难得主动向我求助，我才意识到母亲不只是身体，就连心也生病了。要好的女性朋友们一听我说，就知道我的母亲得的是心病，她们叮咛我一定要让她感到有所依靠，母亲那因生病而产生的恐惧无处安放，只好用横冲直撞的方式讨爱，她生完气后痛哭，是因为没办法再像从前那般倔强。实际上，此时拖着病体的她，内心深处比谁都无助。

病人的恐惧有两层，**一层是生命的不可测，另一层是怕带给所爱的人麻烦。拖着病体的父母总爱逞强，用情绪化来掩饰脆弱，因此要忽略那些不理性的字眼，试着感受他们的言下之意。**小时候生病哭闹的我们，总能被温柔抚慰，长大后的我们也要知道体谅父母，让他们感受到"无论如何，我们都会在"。

"威廉，你平时爱帮助朋友，能讨身边的人欢心，何不试试看把妈妈也当成是我们这些朋友。想想万一我们遇到同样的事，你会怎么拉我们一把。"我平时在外头广交朋友，满口江湖侠义，却从没尝试过跟爸妈做朋友，相识三十多年，无论再亲近，心与心之间始终隔着层膜。父母生病要靠药医，但生理的痛会并发很多心理的伤，得靠亲情来治愈。

于是趁着母亲心情好的时候，我顺势关心她睡得好不好，偏头痛的老问题还在不在，用心疼朋友的语气切入，帮她分析长期睡眠不佳所带来的后遗症。母亲连忙附和："对，我从以前就这样了。""睡饱就不会想生气了。"开始向我拼命诉说心事，我也乐得倾听，毕竟能说出口的都不算烦恼。这是头一次，我跟母亲的距离近得就像坐在同一张桌子喝下午茶的闺密，我不忘细声规劝："不如让医生帮你调理一下睡眠吧！"

没过多久，她假装淡定地和我说起医生的建议，拿着药袋请我上网查查该怎么吃。她的口气越逞强，我的心就越沉，我皱着眉头，不经意地脱口而出："你要把自己照顾好，才能再照顾我们。"耳畔飘进一句："好啦，我知道。"这时候，母亲的语气温柔异常。

10 过度关心是因为一无所知，两代人际圈需产生对流

在家中，父亲总是扮白脸，很少严厉地管教孩子，只是小时候关心功课，长大会谈谈工作，其余的事便不太过问，而且口气多半温和，若有负面情绪也只持续几分钟而已。但某阵子他却跟弟弟闹得很僵，甚至扬言要离家出走。这件事的导火线是一记巴掌，父亲气不过弟弟没有事先知会家里就去打耳洞，于是话还来不及问完，手就挥出去了。

向来是好好先生的父亲，对孩子出手的次数一只手就能数得出来。一起生活几十年，我很清楚地知道，孩子学坏习惯就是他的底线，但打个耳洞实在不算滔天大罪，我在一旁好心劝说着，父亲的反应却异常地激烈，他怒视着我说："今天打耳洞，明天就会去文身，路就会越走越偏，他这是想学人家当不良少年吗？"

我把想劝的话全吞进肚子里，因为那时显然不是对话的好时机，父亲是个再保守不过的人，此刻完全没有讨论的空间可言。

一旦追究起学不学坏的问题，家长十有八九都会把矛头指向孩子的朋友。家长都会觉得自己家的小孩平时很乖，一定是被朋友带坏的。这一点我几年前就领教过，一出事先教训自家孩子其实很合理，但下一步把责任推到孩子的朋友身上我就不太赞同了。

我把弟弟拉到一旁安抚，提醒他接下来的日子会很难过，若不想再和爸爸起冲突，身为晚辈，请尽可能顺从长辈。果真，扮演黑脸角色的母亲开始检视弟弟的朋友圈，凡是和弟弟有来往的人，她都尽可能仔细地打探，弟弟跟谁出去？去哪里？做什么？几点回家？都得清清楚楚地交代，稍有差错就会开始不停地唠叨。

乡下的小家庭气氛融洽，但几个兄弟跟父母仍有着一定距离。长大后，若遇上无法沟通的情况，彼此会有默契地点到为止，不再争辩，就好比是"打耳洞不等于叛逆，叛逆不是坏事，而坏事的源头未必是朋友的影响"。

与父母沟通得靠技巧，

冲撞的结果是两败俱伤。

试着先尊重界限，拆解问题的结构。

把上一代的防卫心一层层剥开，面对硬脾气的时候姿态要放软，遇到情绪勒索的父母立场要够正确、够坚定，不过不管态度是软是硬，我们最终的本意都是要让对方放心。

由于受不了总是被质问，弟弟干脆把朋友都约到家里来，偶尔打几圈麻将，有时人不够也会让母亲凑一脚，来的客人形形色色，有抽烟的，也有文身的，当然也有斯斯文文的。从他们的对话中就能感觉到他们跟弟弟交情匪浅，说也奇怪，"见面三分情"这招真好用，对于这几个貌似凶神恶煞的访客，爸妈的态度起初还在防卫、客套，偶尔带着不失礼貌的微笑，到后来却意外地友善，有时弟弟不在还能主动与他们聊上几句。

就我的过往经验，朋友来家里做客的结局都不太愉快，于是到后来干脆不让爸妈认识我的朋友，把和爸妈间的气氛降到冰点。回到台南后我总是宅在家里，父母始终不清楚我的交友状况，认为是我脾气古怪导致人缘差，以至于我有朋友他们会担心，没有朋友他们也担心，所以我干脆把这扇门关了起来。

对于未知却又想了解的事物，先抱持恐惧和怀疑很正常，从父母的角度看孩子的生活状况，就像人类遥望天空，一发现不寻常的光点就会先用经验自行判断。所以，不如就让父母进入你的宇宙，将你完整的世界观展现给他们，教他们认识你的世界。**先**

开一条缝，让愿意靠近的人参与到你的生活中来，人来人往的世界会开始运动，这样，哪怕他们对你的世界的认知是一池死水，也终究会被唤醒，转换成情感丰沛的活泉，加深彼此的信任感。

父母的过度关心是因为对孩子的生活一无所知，从而衍生出对人、对事的观点冲突。基于彼此都已经成熟，不如让两代的人际圈产生对流，在互相尊重的前提下相互指教。我不仅自己会慎重交友，还会提醒父母哪些朋友没事少接近，偶尔遇到不怀好意的朋友，能够和家人同仇敌忾一致对外，也是关系冰冷的最好解方。

细数成长过程里的叛逆，会发现叛逆的出发点全是因为想证明自己可以、自己能行。父母给的，不是我想要的；但父母要的，纯粹是"被需要"。

　　口口声声说自己多成熟多懂事，却把包容给了非亲非故的人，孩子长大了，父母也老了，所剩不多的时光里，不该再用眺望的角度看待两代关系，让彼此靠近一点，用最温柔的口气说爱。

　　一个家，最完整的状态是情感上的相互依赖，缺口再大都能修补，要知道有几个人总是无条件为你，他们的名字叫"家人"。

关于亲情

Chapter 4

人生太短，请将美好的未来
留给自己

真正的成熟，是懂得替未来打算，
列下你的人生清单，顺从内心，为自己勇敢。

01 能动的时间不多，
请拿最爱的事交换更好的未来

　　夜里，我蜷着身体翻来覆去，肚子绞痛得冷汗直流，一会儿吐、一会儿拉，没办法好好躺着。撑起身体到厨房倒了一杯水，吞下胃药，眼前突然一片黑，差点倒在地上。大半夜不愿惊动室友，只能坐在沙发上等眩晕的感觉好一点，然后赶紧拿着钱包跟医保卡，穿起厚外套，叫车到附近的医院挂急诊。

　　到急诊室挂完号，随即做了简单的检查，医生用听诊器压着我胸口问哪里不舒服，发现下腹部异常疼痛。护士准备了病床，带我打点滴补充体力，随即确认我的基本资料。需要化验排泄物，但护士看我整个人全身无力、脸色惨白，连忙请了另一位男性医护人员搀扶我到厕所，他问："有家人陪你来吗？可能要住院观察是否为细菌感染。"

　　我气若游丝地挤出一句："没有，我一个人来的。"

那阵子工作正忙，凌晨五点，躺在急诊室的病床上还不敢阖眼。工作从早上九点排到晚上九点，几个小时后还要交提案给客户，下午要准备艺人拍摄用的服装，晚上跟朋友吃完饭要回家继续赶稿。折腾一整晚的身体疲惫不堪，但还是得发邮件和客户说明身体不适，看看能否把时间往后延，我当下实在没有力气，索性把手机关机，进入熟睡模式。

醒来的时候已是下午，护士换点滴时摇醒我说可以出院了，幸好不是病毒性胃肠炎。我第一个反应是赶快开机，果然，还来不及推掉旧事，新的事情就来了，等待领药的时间，我坐在候诊的座椅上回消息，之后急忙回家打开电脑处理工作，顺便熬了些米汤来喝。回想着这一天一夜，我想把每件事情都做好的意念，似乎跟身体产生了排斥，看着镜子里自己的倦容跟满脸的胡茬，我心里突然有个疑问，把自己逼到了死角，换来的究竟是怎样的生活？

慌张地抓紧去做每件喜欢的事，所谓的"斜杠"变成瞎忙一通，把那么多职业揽在身上，却没有一个角色特别出色，再紧凑的人生也是平淡的。

那天，跟艺人约在家里试衣服，提着大包小包急急忙忙地进了门，一直以来，造型师都是我不肯舍弃的身份，那阵子正好是新书的宣传期，同时其他的工作也没间断过。一天就只有那么长，但我要转换的角色太多，试装的当下还得忙着回复客户的信息，由于顾不到许多细节，偶尔会有应付的口气出现。和艺人长久以来合作的默契感让我读到他几分不寻常的反应，我赶紧把手机放到一边，最后对方忍不住说："威廉，你最近是不是太忙了？"

"真的很不好意思，好多工作推不掉，时间有点不够用。"

专心做好最想做的，

这些你喜欢的事情，

其实也会反过来选择你。

曾经在好莱坞红极一时，片酬最高的女星芮妮·齐薇格(Renee Zellweger)，十四年接拍了二十四部电影，多产的结果换来的是令人诟病的烂片体质。从呼声最高的影后位置落入低谷，进入事业低潮。她的好友莎玛·海耶克（Salma Hayek）对她说："玫瑰无法盛开一整年，除非它是塑胶做的。"潜伏六年后，储备了更多能量的芮妮·齐薇格一跃而上，最后以《朱迪》（*Judy*）一片拿下奥斯卡影后。

经历过几段没有收入的苦日子，现在只要有工作上门，我多半来者不拒，时间够用的话，钱多钱少总是赚。但这几年过度劳累把我的身体搞垮了，免疫系统常出问题，动不动就大病一场。人一病就会特别伤感，躺在床上虚弱的我，常想着哪天要是连动都动不了，有哪些事是我会挂念的，哪些又是我来不及做而感到悔恨的。

当忙到不可开交时，我会先试着缓缓步调，剥除物质考量，试着看清每件事所能带来的后续效应，哪一样最接近理想。时间越紧迫就越要沉着，心急时所做的决定，肯定有很大的概率会后悔。

努力工作、努力生活，就是让自己各方面的条件变好，好到可以自己做选择，好到当机会一拥而上的时候，有能力选择一件对未来最有帮助的事情，而不需要考量基本的生存需求。想做的事很多，但时间似乎不想等我。要同时维持多重身份得付出强大的专注力，当我老到动不了，总不能还用特技演员般的生活节奏过日子吧。

在诸多喜爱的事情中做取舍，并减少不必要的人情聚会，把绕着别处转的心力用来"留下些什么，证明我活过"。我选择创作，它是一种掏空自己，再不断用生活感知填满的良性循环，这便是我万一没做，将来肯定会懊悔万分的一件事。

02 在众声喧哗的世界里，独处是给心灵的假期

　　刚出社会那几年，我挺得意自己的工作不用打卡。我的第一家公司是法国的一家商业公司，看到法国老板跟总编辑在截稿期喝着红酒，两人坐在玄关靠窗的座位，那个忙里偷闲的画面我永远忘不了。

　　一个刚毕业的小助理不懂得收放，无时无刻不紧绷着神经，连回到家都不敢松懈。中途遇过几个紧迫盯人的主管，养成了随时待命的习惯，手机全天候开机，响铃音量必须调到最大，睡到自然醒是世俗对责任制的误解，前一晚肯定不是累了才可以睡的。

　　转职到网络媒体后，每天都有突发事件，文章没有写完的时候。身为主管得应付大小会议，对内、对外都松懈不得，就连跟家人吃顿年夜饭都要监控流量，不能切断所有汇流到手机里的消息，自己像被囚禁在名为工作的精神牢笼中。责任是枷锁，越挣扎越没有力气，加诸肩膀的重量将我往绝境里推，不管工作内容

怎么换，都甩不开倦怠感。

非得要逼近崩溃的临界点才肯递出请假单，用长假来松弛心灵。早些年，我会跟三五好友出国旅行，事前做足功课，该吃的、该去的，一项都不能错过。事先订好网络评价很高的餐厅，难得有机会拜访名店，每道菜一上来必须摆盘拍照，拿着刀叉的陶醉表情要做到最足，所到之处都得留下痕迹，拍到每个人都满意才离开。

等饭菜都凉了，还得即时分享不负责任的食记，饭后总有一段"科技冷漠"的时间，各自忙着跟亲朋好友互动；不争气的人会点开工作群组，换个地方继续做同样的事。人在国外，心系工作，销假上班的那天六神无主，最强烈的念头却是辞职，这并非我放松旅行的初衷。

我猜想，肯定是因为放假还跟一群人赖在一起，才让互相迁就变成了耗损，于是我决定换成自己一个人旅行。双手用力一挥推开纷扰，可惜换汤不换药，该是享受的时候忙着记录生活，动态分享从没停过，很怕别人猜不到自己此刻的心情。手机是我的旅伴，有限的时间里放不掉社交平台，像在扮演一个出国玩得很开心的人。手机充不到电时，就再度变成另一种形式的消耗，反而加深了不想工作的厌世感。

久而久之，造成了严重的手机恐惧症，听到电话声响会头皮发麻，我内心挣扎了好久才有了把手机切成静音的勇气。休假中有人急着打来的电话绝对不是好事，若真有急事，至少通信软件是缓冲空间，可以视情况回复。

然而，**社交软件就像潘多拉的盒子，一打开就会跳出无数的干扰。**

过多的讯息会造成心理负担，

资讯焦虑是现代人的精神瘟疫，

关掉提醒，让求知主导权回到自己手里。

戒掉工作狂的坏毛病，却还是放不开手机。本该是不被打扰的休假日，却不愿跟原来的世界失去联系，但我脚下踩着泥土，鼻息间嗅到温热的食物气味，在拥挤的异国街道跟陌生人碰撞，忽略眼前活生生的景色才叫与世隔绝，人到异地，心还在原地，这算是哪门子的休假？

初访越南胡志明市，朋友再三告诫我别在大街上用手机，因为当地抢劫案层出不穷。我不信邪，想说谨慎一点总会没事，直到前方的白人女子被一台呼啸而过的摩托车劫走包包，她吓傻了，我也吓傻了。我赶紧把手机塞进牛仔裤口袋，想去哪就问路人，没到安全的地方绝不拿出来。也因此，那段旅程我多出了很多时间去感受周围的环境，不需要对谁交代行踪，走过的每一步都特别深刻，原来不被打扰的宁静状态，才是我想要的放松。

身体疲累，就要休息，这是再正常不过的生理反应。但休息时间做很多会让心更累的事，精神没办法放松，心理持续折磨生理，是当今人们的现状。因为害怕孤独，**紧紧拉住的人际联系成为束缚，没办法独处就得不到真正的休息，唯有心里安静了，才称得上松弛。**

人生是场旅行，时间就这么多，坐在一列急驰的列车上，如果只顾着跟旁人交流，就没办法好好欣赏窗外的风景。在众声喧哗的世界里，孤独是给心灵的假期，专注当下，反而能获得更多。

03 假如时光能够倒流，就没有此刻的勇敢

出国前，我特地去重庆南路帮外甥女买练习题，发现大学时代常逛的几间书局都在打折。十二月，台北车站一带的气温竟高达二十八摄氏度，那时已经过了晚餐时间，我提着一包参考书和还没包装的圣诞礼物，全身都在流汗，恍惚地望着霓虹招牌，在南阳街井字巷弄里来回，穿过骑楼，看到一张张手写布告写着："结束营业"，这几个大字把我吓醒。

这里封存着我曾经的人生转折，升大四的那年夏天，"毕业后要做什么"，这句话一直压在我的心头。毅然决然地放弃设计本科，在网络上爬文爬了好几个晚上，小心翼翼地捧着妈妈借来的三万块钱，循着地址找到补习班，目标是跨科考明年的传播类研究所。

时至今日，每当我回忆起大学生活的后半场，心头还会有一阵无力感来袭。二年级的下学期刚开学没多久，有一天夜里接到

家里电话："工厂昨晚失火，不过人都没事，这段时间你自己好好保重，家里可能没办法帮你太多。"从来没听过哥哥如此颓丧的口气，挂电话前要我有空回家一趟。

不过几年之间，经历了很多挫折，父亲海外经商失败，多年心血付之一炬，家里经济陷入困境，设计系庞大的开销压得我喘不过气，有几堂课特别花钱，需要大量的耗材跟昂贵器材。最有兴趣的摄影课，都是得等到同学把自己的作业完成，再把相机借我，跟同一个人借太多次，却无意间听到："好烦，怎么不自己买？"我的眼镜突然起了雾。

每当无助的时候，我只能一直睡、一直睡，浑噩度日，多希望一觉睡醒世界就会不一样，但总是事与愿违。在困境中放任自己是一种恶性循环，我放弃了挣扎，把课业搞砸，隐忍着苦痛跟自卑，最后连学校都不想去。情绪焦躁找不到出口，我的倔脾气总带着刺，原本形影不离的同学一个个远去。那时的我，先是被大环境遗弃，又失去了人际维系，陷在强烈的孤独感里。

同一年，遇到一首歌叫《知足》，其实我很讨厌字面意思上的知足，摆明就是非得要忍受自己不能忍受的，如果可以，谁不想像个小孩一样任性？可是我们都很清楚，没有人可以不长大。没办法退后，只好向前，每当感觉快要过不去的时候，我会把心一横，切开过去，选择重生。

换一种新的生活态度，或设定新目标，

头也不回地直直冲去。

在追寻新生活的过程中，总能找回自己。

大学最后一个暑假，我选择重新来过，决定搬离学校附近的雅房到新的城市生活。看着搬家公司将家当打包上车，跟司机约好台北见。我一个人发动摩托车，脚踏板夹着一床棉被从龟山、回龙一路经过新庄、三重，穿越中山北路的树海，最后抵达天母的新住处。记得那是顶楼加盖的三房格局，从阳台可以看到阳明山，倚在围墙上望着星空一片辽阔，突然觉得自己长大不少。**我开始喜欢改变，唯有改变，才有机会靠近原本触不到的未来。**

等待朝阳升起的希望感，可以将失序的生活逐一修复，把自己放到新的环境里重新开始，过去再怎么辛苦都无所谓。准备考硕士的那段时光，重新赋予了我存在的意义，生活开始变得有目的，反而能用积极的心态面对学校与家庭的问题。咬着牙把学分修完，不管喜不喜欢，一定要顺利毕业，其余的日子便穿梭于台北车站跟图书馆之间，偶尔跟家里报平安，成为照亮他们的光。

或许是因为当时没有后援，没有理由不往前走，与其坐困愁城，不如想办法扭转劣势。当时我最大的改变是心态，**觉得软弱无济于事，这影响了往后的十年、二十年的人生态度，即便在职场上遇到挫折，也不让情绪蔓延太久，直接进入解决问题的步骤。勇敢是那时候的我给未来的自己的礼物。**

　　其实我好想回到那一年，轻敲房门，找到藏匿于黑暗中的自己，告诉他不要害怕，哪怕当时的我会倔强地把自己推开。不过，要是没有当时的恐惧与磨难，此刻的我肯定不会这么勇敢。谁的人生不是起落不定，面对失去，特别是巨大的失去，我会细数自己还剩下什么，谁不离不弃，而谁又会把仅有的都给我，一旦将它们握紧了，这种安全感就像马里奥摘下星星，变得无敌。

04 你的工作
无法定义你是谁

能好聚好散，自由决定去留，这叫"自愿离职"。而被资遣、被开除、被逼退，则统称为"非自愿离职"，这是比较婉转的说法，说白了就是被炒了。被炒的感觉我最清楚，毕竟我体验过四次。被炒的感觉，就像卖东西被退货，就像你从一张白纸被揉成团。被直接扫地出门还算温柔的，有些公司把你当成垃圾，踢出门后，巴不得再补一脚踢得更远。

原本意气风发却被当成废物扔弃，这样的挫折对我所造成的阴影很深、很深，深到即便换了新工作，做得好好的，提起这件不光彩的事，心里还是会有一阵凉意。提心吊胆的情绪日渐变成阴影，但我们都没意识到，这就叫作"创伤"。

第一次被炒，是因为恶意陷害，同事将私人的对话记录公开，让我被公司开除。第二次被炒，是新来的主管想找自己信得过的人进公司，百般刁难后，以不适任为由请我当天离开。第三次被炒最难受，我一直很积极正向地面对工作，却莫名其妙背了黑锅，虽然后来真相大白，但我的心里对这份工作以及试图抹黑我的主管已产生阴影。

于是我开始害怕上班，主管有意无意地施压，增加我的工作量，快要失去工作的恐惧感，让我完全睡不着。白天又得准时到公司，精神变得很涣散，身体也开始出问题，太过焦虑引起了肠燥症，腹泻不停，三个月我瘦了将近七公斤，瘦得连自己都怕了。

于是我向公司提出停薪留职，想请长假休养，却被一口拒绝，主管说公司不接受申请，以组织改组为由，变相裁员，电话里还不忘提醒说，这是他跟另外一位主管的决定，请我不要去烦别人，自己识相一点。离开前，同事送了一箱营养品，要我好好照顾身体。

以为失恋已经够苦了，没想到失业带来的打击更大，连着几次的离职经历都非常粗暴，心里的痛苦不亚于外伤。工作能力可以通过训练来加强，弥补不足，或是通过不断摸索找到适合的方向。但非自愿离职所造成的心理创伤，却很难复原。

离职之后，我一整个月没有主动跟任何人联系，什么坏念头都想过，母亲打电话来关心，我忍不住号啕大哭说："我没有不认真，但为什么每次都这样，为什么？"被感情对象伤得很深，大可以很洒脱地说，我不再相信爱情了，决定单身一辈子；但被工作伤得很深，你没办法任性地说不出门工作，要把自己关在家里一辈子，现实跟经济压力不允许我这样做。

进入社会后，我几乎把所有的时间跟精力都投入到了工作上，把工作当成全部，在这种情形下一旦受到创伤会更难痊愈。从高处摔下的失落感，是我不快乐的来源。而家人的关心，曾经很喜欢做的事、相处的人，却在我低潮时变成最有效的药方，多亏有这些力量，我才能修复自己，重回职场。一年之后，我升上总编辑，负责台湾地区最大的流行网站运营。

但这份工作最终因为理念不合，我再次尝到非自愿离职的滋味，这是我人生第四次被资遣，但这一回我的心却显得平静异常。

能够把工作做得出色，代表能力很强，

但你是个怎样的人，不能用工作来定义，

真正的你反射在生活里。

我遇过很多感到痛苦却开不了口提离职，或是离职后走不出伤痛的人，生怕没了工作就没了全世界。很多人都太过在意别人的眼光跟评价，而不顾自己快不快乐、喜欢不喜欢这个环境。

无关成功或失败，你不一定要热爱你的工作，但一定要更热爱你的生活，人一辈子要活得精彩，不能只有工作。人早晚会退休，工作早晚会结束，可生活是一辈子的。要知道因为工作而带来的光环并不属于你，真正能发光的是你的本质和你对理想生活的种种追求。

被资遣是用比较直接的方式跟你说不适合，并非否定你整个人，所以对个人而言，最重要的是面对工作与生活的心态。**被压力击垮的时候，真正能修复你的是充实而精彩的生活，而不是更多的工作。**

最完美的平衡是一天二十四小时，八小时专注工作，八小时用来好好休息，剩下的八小时想办法把人生经营得更充实。工作、生活跟休息可以拼成人生的圆，如果这三个点施力得当，它会变成一个正三角形。我们都知道，正三角形的力量是最稳定的，三者平衡的人生才不会因谁而伤。

05 创作是最好的自愈方式，用写字来治疗自己

"哈啰！曾大丰哥哥你好，我是 C，是你的小粉丝。很遗憾无名小站就快关闭，冒昧请问，你会将这个充满回忆的地方搬家，还是就此关闭？可以的话，我希望能留下那些回忆。"

无意间发现这则被脸书屏蔽的陌生消息，已经被搁置了一年多，对方是一位素未谋面的大学生。接着我立刻回复他，我们两人很快地就搭聊起来，他果真是我无名年代的读者，能叫得出曾大丰这个名字的人肯定称得上是老朋友了。C 把他手机记事本的截图传给我，是我十多年前写下的忧伤心事。

成长的苦多来自不被理解。

缺乏智慧和世界沟通，带着原生环境给的刺，处处与人为敌。

没人教我如何排解情绪，受了伤如何想办法止血。

网友留着的文字，其实是我的哭声。大学时期有过一段被恶意排挤的苦日子，当时的我，所能想到的事都很负面。被黑暗压到快窒息的时候，突然眼前一阵闪烁，桌边亮起旧式台灯才会有的昏黄灯光，悬着一条长链让我拉着，不至于坠落。突然发现我还有路可退，毕竟不被理解的感觉不是没有遇到过，于是不断地把写作当成发泄。写作是我的心灵窗口，从网友的回应中能够知道自己还有人在乎，成长的过程里我总是这样写着、写着，再怎么难过也都能撑过去。

"万福佬好久不见，还记得我吗？这是我的第一本书，特别想跟你分享。这些年我一直没断过写作，希望没让你失望。"

教师节前夕，我把上一本书寄到高雄，送给曾经的语文老师，为求慎重，我甚至先打好草稿，算好行距跟间距，毕竟纸短情长，毕业二十年，有不少心里话想说。初中三年实在很不好过，被送到以升学主义为主的私立学校，考不好就要受罚，比不过别人就得被数落。于是考试成了我的噩梦，成绩一落千丈，我变成老师眼中成绩差的坏学生，老师处处针对并借机体罚，将我分配到教室角落的位置，禁止举手发表意见，以免干扰其他好学生上课。

成绩差就像是一种传染病，一个人的优劣完全以分数论定，老师鄙弃、同学排挤，回到家父母也不断地指责我不够好、不争气。

我在学校哭，回到家也哭，总是靠在窗边思考着，究竟几楼才算高，能够一次了结。不知自己为何而存在，也不知该往哪里去，多亏有陈老师开书单、教我写作，紧紧拉着我才总算撑了过去。

每当他拿起作文簿，大声朗诵我的文章，仅有几秒钟的稀落掌声是如被雾霾笼罩的岁月里，唯一一盏替我打亮的灯。我倚靠着那微弱的火光，在文字的世界里重生。

成年之后受的伤，大多来自他人，有人的地方就有是非，面对排挤、攻击，要能建立属于自己的安全感。

如果没人愿意倾听，我就通过书写和自己对话，可以是散文，可以是歌词。用文字诠释心情的变更过程，如同将纠结的思绪按下重新整理键。并不是所有人遇到险境都懂得抵抗，被恶意加诸身上的痛苦，一点一滴侵蚀掉生存的意志，对我来说，能修复自我的方法就是创作，可以用文字、图画、影像等任何形式的媒介，建立属于自己的安全感。

泰戈尔说："世界以痛吻我，我要报之以歌。"学会**用最温柔的方式回击别人加诸你身上的痛苦，和平不需要鲜血来换，将悲伤转化成创作，再用它去激励更多有相同处境的人，是回报世界最大的善意。**

我看不懂迂回，也不擅长照顾到每个人的情绪，自己急着把所有心事都摊开讲，也渴望别人同样直来直往，却总是事与愿违。后来，再回头看当时写的日记，原来我的问题是过度自我，多年后再用读者视角看相同的灰色心情，未来的我被过去的自己治愈，如同 C 仔细留着的文字，我曾经的创作，及曾经美丽与不美丽的心情。

06 第二次成年，
是终于能说到做到的时候

二〇一六年年末，我做了一件就算失智也还是会念着的事。

谈完离职的那个晚上，我烦躁到失眠，脑海里不断地想着："接下来呢？"想着想着干脆就不睡了，不如重写一份自传，更新履历。我打开求职网站编修工作经验，突然意识到自己前脚根本还没走，还是先做好收尾工作比较实际，从上班第一天开始，不管从哪个切点看，手上的事都不少，光是交接就要耗上三天。劳碌成性的我，急着找事情给自己做，获得全面自由是焦虑的开始，只因我认为把日子过得清闲，不该是在三十出头的年纪。

于是开始回想，有没有一件事是一直想做，却始终没时间去做的。

不知道哪来的劲头，我果断买了一张飞往法兰克福的机票，选在十二月中旬出发，赶得及跟表姐一家过圣诞节，其余时间就到邻近几个城市走走。将往后三个月的行程排完，我心里特别踏实。隔天星期六，我起了个大早，奶茶才喝了一口，突然看到摇滚乐队"绿日（Green Day）"放出的巡演消息，而且就在今日开卖。仓促解决了早餐，我赶紧冲回家，抖着手抢票，成功买到了二〇一七年一月底柏林场的门票。

"在绿日的演唱会吼到沙哑"是我老早就设定好的人生清单里的一条，如今终于有机会实现了。出发前特地发出一封信给民宿主人菲利普（Philip）说明来意，他不解为何会有人想在仿如死城的季节到访，甚至建议我夏天再去。两个月后，我顺利抵达柏林，他头一句话就问："你来柏林，只为了看绿日的演唱会？"

演唱会当天，一进到会场，我便不断四处张望，心情很嗨但无人可以分享。旁边是一对情侣，前面是一对父子，突然灯光一暗，气氛随着观众节拍同步升温，一道强光打在主唱比利·乔（Billie Joe）的身上，他高举右手指着全场大喊："Everybody, Stand up！（大家站起来！）"看过成千上万次的表演片段，没想过有一天我会成为影片下方其中一个黑压压的脑勺。

唱到名曲《Basket Case》时，前方一对父子站到椅子上疯狂甩头，进到副歌部分，右手边的情侣转头作势要合唱，突然间我跟他们变成一伙，甩开包袱站到椅子上一起甩头，用全身的力气吼着、唱着。我亢奋异常、眼角泛着泪，说不上有多感动，离场后直奔地铁回到住处，一路上，双脚都还是虚浮轻飘的，感觉很不真实。

　　我虽然胆子大，但其实个性比谁都谨慎，不允许自己冒险，哪怕是四十九对上五十一的概率，一定是毫不犹豫选择比较容易成功的做法。人生所有的决定都是，每一步都想踏得稳稳的，从不靠着感觉走。念书的时候拼命往升学率高的学校爬，选科系的时候便考虑到就业，选工作的时候更会顾及待遇问题，换跑道的时候要想得更远。说穿了是没勇气承担失败，像在失业的时候还跑到德国看演唱会这种不留后路的任性，我从没有体会过。

每个人一定要有人生清单，
而且必须是不可能立刻办到的事。

　　人、事、时、地、物，越清楚越好。旅行，去哪旅行，到当地最想体验的一件事，季节时分都写下来，就像是个锦囊能为你指引方向，一旦迷茫，就去找它。

那一年我三十二岁，努力做好一个尽责的大人，每件事都得顾及别人的感受，认为懂得替未来打算，面面俱到才叫成熟。我一直在猜别人在想什么、要什么，一有机会便毫无保留地给，却忘记顺从内心，为自己而勇敢。当时的我拿到一笔遣散费，要是把它留着，肯定不会想那么快找新工作，在最慌乱的时刻自断双脚，才有那股狠劲往上爬。既然敢那样做，就有走到死路也要冲破的决心。

那天，好久不见的老友 R，从上海飞到台北度假，到新公司报到前的空档，我给自己放了一个月长假。我们约在一间老牌的台菜餐厅，一碰面就看得出她有些迷茫，连忙问我："现在你生活的动力是什么？是赚钱吗？""不完全是，有钱吃饭就好，我一直都不是追求富有的人。"

理性归理性，真实的我可是一个不折不扣的理想主义者。从上一份工作离职后的茫然失措，到此刻每天有忙不完的待办事项，我回她说：**"太遥远的事我没办法想象，只要能够踏实地完成每个微小的心愿，不偏离理想就已满足。"**

我的人生清单不写一辈子的事，会分成一年、三年跟十年，各自区分要做到的十件事。每完成一件，就好像就在心里放了一次烟火，在这个过程里能感受到生命有多精彩。万一失败，再来过就好了，还有很多事情值得被期待，更何况我正在努力着。

在最绝望的时候给自己希望，你会越来越喜欢有勇气实现梦想的自己，那种感觉既踏实又激动，这就是很多人一直在寻找的人生动力。

结束那段如梦境般的旅程后，我发现自己长大了不少，能够开始正视问题。回国后经过评估、抉择并付诸努力后，才有了脱离舒适圈、重新来过的决心。圆梦是为了能做更大的梦，演唱会的片段一直存在我的手机里，时不时会点开来看，这件事成了我这几年逆境求生的力量。

这也让我终于体会到，真正的成熟，并非盲目迎合或刻意表现，而是有本事去承担后果，能突破自我的勇气，而那股劲的源头就是"说到做到"。

07 最土俗的口音反而特别，模仿得再像还是模仿

记得刚上台北没几年，曾碰到一群新朋友当着面模仿我的"台南腔"，每句话的结尾都刻意加个"腻"，在不合理的音节尾音上扬。还问我的老家有没有养牛，煮饭是否还得烧柴，带着嘲弄的口气。玩游戏时，一群人起哄要讲出对每个人的真心话，输家指着我："土，就是土。"

旁人发现气氛不对，赶紧打圆场说："土壤孕育出生命万物，他是在说你很有包容力。"当下气氛很僵，但我却必须装作不在意，顺着对方的玩笑开下去，场面才不至于尴尬得无法收拾。回到家后我心里十分难受，花了很长一段时间练习咬字，改掉乡音，让言行举止看起来像个台北人，模仿他们的日常，想要融入其中。唯有这么做，被归类成异类的我才会好过一点。

一个人只身在异地求生，最害怕不被大环境所接受，无法融入的恐惧驱使我不断揣摩别人的习惯、价值观跟生活方式，好掩

盖自己身上的成长痕迹。

某一年，回老家过年，跟母亲到传统市场采买食材，南部乡间的人情味直来直往，我没意识到自己在都市里的伪装还在，菜贩阿姨找钱的时候随口问了一句："阿弟，你是哪里人？听你的口音不像台南人。"让我不知道该哭，还是该笑。

自我认同是一段很辛苦的过程，无法融入的恐惧让我想尽办法揣摩别人的生活习惯。就像电影《绿皮书》（*Green Book*）里的黑人音乐家唐，当他在健身房被陌生人打得满脸是血，瑟缩在墙角发抖时，镜头中的他无助地问司机东尼："如果我不够黑，也不够白，又不够像男人，那么你告诉我，我到底是谁？"

"是啊，我到底是谁？"我模仿得再像，终究不是他们的同类。

该对抗的不是别人的眼光，

而是自己的内心。

屈服主流作出的所有改变，会显露出你的自卑。

再遇到类似的事，**我会把话锋转到相互包容，用轻松的口吻找出两地发音的差异，讨论语言的文化性和生活场景，甚至自嘲。**我很清楚自己的出身，也为此感到骄傲，同时也能理解对方的不理解，平心静气地解释，散发出能够尊重不同文化的情商与高度，就是最理性的反驳。

出身是既定事实不会改变，或许可以从中听出地域性的主流意识。有些综艺节目总是拿方言做节目效果，让人误会似乎只有特定地区的官方语言，发音才是标准的。台湾话虽然是福建话的延伸，但小小一座岛屿说着共同的语言仍有着不同的腔调，分成北、中、南不够，还分东和西，一开口就知道是否为当地人，不过不同的人有台中腔、台南腔等，其实还挺可爱的。

从语言学的角度来看，没有口音差异是不可能的，更没有所谓的正统或不正统。一个人说话的方式、抑扬顿挫跟语调，是长时间养成的，它是一种标签，但跟血统优劣无关。

语言学家罗伯特·雷伊·阿古朵（Roberto Rey Agudo）曾说过："我有口音，你也有。所以我希望你喜欢我的口音，就像我喜欢你的口音一样。"

老外就是老外，就算中文讲得再好也听得出来是老外，除非土生土长，否则要是刻意揣摩特定的腔调，反而会在当地人眼里显得不自然。一个人是否值得尊敬，绝对与出身无关，要是自己都不能接受自己，又如何让别人认同？说哪里的口音不重要，重要的是你说了什么。

08 向大脑提取一次快乐的记忆，复习它再复制它

当兵时，因为长期的睡眠障碍引发自律神经失调，被送进医院疗养。住在病房时难免惶恐不安，我时常一个人在走廊来回踱步，想把时间消磨掉。每天早上九点，我会梳洗好坐在床边，期待医生准许我出院，就这样等了一个月，药却越吃越多。

在部队里，我话不多，每一件事都很用力地做，试图用劳累盖过脑中蔓生的千头万绪。撑到新训结束，放假第二天接到好友骤逝的消息，倒抽的那口气就像一阵落山风，手脚不自觉地发冷。我搭车到灵堂，看着前几天刚好聊到的人，如今却变成一张微笑的照片。才二十四岁，怎么会是他？告别式前一天，我必须销假回军营，差不多是送行的时间，我在大热天里操练刺枪，刻意把钢盔压低，遥想着自己若能送他一程该多好，连眼泪都流得战战兢兢，难受的心情只能用擦汗来掩饰。

如果一个问号是一道缺口，这些想问的、来不及问的，早已

让我的脑袋千疮百孔。我像条贪食蛇，天一黑便开始不断地钻，找不到出路就越想越慌。住院的日子里，虽然有药物的帮助，但仍会在半夜惊醒，医生问我："睡不着的时候你都在做什么？"

"想事情。"

"想什么事情？"

"检讨自己为什么会这么失败。"

小时候受的委屈、长大之后体会的残酷现实，全都在那段时间蜂拥而上，还没准备好面对生离死别，也还没有能耐吞下失败的苦果，像是一杯已经很满的水，突然投进一颗大石头，整个人彻底崩裂。我不知道自己怎么了，想好好睡一觉竟有这么难，非得要住在医院病房里，哪儿也去不了，也没有人可以倾诉，任人摆布的感觉让我的焦虑症越来越严重。

这么多年来，我始终戒不掉回忆，比谁都要念旧，珍惜与每个人的交集，每张合照都会细心标注日期，手机里的照片对我来说特别珍贵。就在一次送修时，手机被迫重置，二〇〇九年到二〇一三年的照片彻底丢失，人生硬生生地被掰掉一块。

出院之后，将近两年的时间，我积极寻求身心治疗，不定时回诊做心理咨询，也试过催眠，一直想找到不快乐的源头。不能说绝对有用，但也因为一次又一次的剥除防备，交出自己后，才晓得经年累月的伤痛早已积成了病，在学校、在家庭、在职场、在社会上所受的痛苦，全都往肚子里吞。我的所谓念旧，不过是不自量力地把好的、坏的全部扛着，像一头虚弱的骆驼，口吐白沫倒在沙漠里，肩头的重担还不肯卸下。

对于无法改变的事实，不要再钻牛角尖。

没有人会想要自己不快乐，

想得太多等于是在巩固它。

情绪无时无刻不在产生，快乐的感觉被简单化，不快乐的原因被复杂化，脑容量超载，身体负荷不了，该休息的时间也不肯放过自己，我终于找到失眠的源头。**向回忆告别，并没有想象中那么残忍，那几年的快乐与不快乐，都没有半张照片可以用来触景生情，新的记忆不断发生，过去的事在脑海里不断风化**，有时候只剩一个名字，有时候连五官都很模糊，我能留下的，就只有好事。

何不洒脱一点，抛了吧！快乐的记忆很强烈，它就像一道强光，是很短促的，而不快乐的记忆总是灰暗，细细密密地铺成无边的阴影。

睡不着的时候，我会从脑袋里拣一件开心的事，放大它，但不描述它，最重要的是结果。若是失恋，我总会用其他人给的快乐转移；跟父母口角，我会想着另一个曾让我开心的人；工作不顺，一定会有其他地方给过我成就感。和某个人在某一天的某件事，渴望再感受一次类似感觉的念想，期待着明天、后天，甚至不远的未来，就足够扭转颓丧心情跟焦虑，让自己心神安定。

09 你的成功或失败，和其他人无关

失败的时候，最难受的是期望落空，而期望来自胜负心，成也败也。

高中联考考语文时，信心满满地留了将近七十分钟的笔试时间给作文，作文题目是"朋友"，洋洋洒洒写到第二段时我突然停笔，思考了几秒，开始用修正带把将近三分之一张的考卷慢慢涂白，重新来过。最后交出一篇足以编进考题范例的作文，文章结构和补习名师考后解题的方向雷同，我临阵换打了一张安全牌，只为四平八稳地瞄准公立学校的前二志愿。

联考成绩公布，作文满分六十，但我只拿到三十分。好不容易熬过地狱般的私校三年，没料到阴沟里翻了船。放榜那天，看见自己的名字落在第三志愿，我拿着那一页报纸躲回房间，呆坐在书桌前吃不下晚餐，耳边挥之不去的是爸妈那句："初中三年都让你去念私立学校，怎么还会考成这样？"

二十年过去，幸运也有、低潮也有，在起落之间，时常想问在考场急忙涂改考卷，那个求胜心切的背影，到底在争什么？人生还这么长，何必急着论定成败于一时呢。

可惜事与愿违，励志好像一道诅咒，周遭的人都在告诉我，跌倒要赶快爬起来，眼泪不能流太久，一定要坚持下去拼到最后。很多时候不冲也不行，背后有无数双手在推着你向前，而我总在半推半就下，去成全所有要赢过别人的念头。

淘汰掉其他竞争者，顺利通过测试，还不算大功告成。念到大三我才发现自己选错了科系，进入社会之后被喜欢的工作抛弃，也做过很多不适合自己的事，对于凡事都如此用力的我，努力错了方向，无比懊悔。回过头检视自己才发现，人生大多数的决定都来自比较，想得到就得挤过一道又一道的窄门，但门后一个又一个辽阔的世界，才是真正精彩的部分。

赢，不是一条拿来走的路，

成功跟胜负无关，

而是一件事情如预期中圆满完成。

胜负不过是根针，扎在人生的地图上不痛不痒，享受过程不是给输家的安慰，而是参与其中的人都要清楚自己做每一件事的目的性。唯有如此，才算有所收获。

"每一次上台都是练习，为了成为更耀眼的自己。"

那天，我到高雄担任学生竞赛的评审，有几位求胜心切的参赛者最终落败。成绩公布的前一刻，我想起当时积极却又不得志的自己，写下这句话，悄悄地递给负责总讲评的老师代为传达，讲评结束后，听到背后落败者的啜泣声，就知道我的担心是对的。

从小到大，我都是电玩白痴，硬币投下去，满脑子只想着要再撑久一点，玩红遍大街小巷的格斗游戏《街头霸王》（Street Fighter），我总被讥讽是弱者，我也清楚自己没这个本事，青少年时期很需要朋友，为了不失去参与感，还是跟着大家一起玩。但我的成就感不是扳倒对手，而是能与对方缠斗多久，尤其碰上高手，能多打个两拳就心满意足，不枉我把买奶茶的钱拿来换一局游戏。

从小就被灌输要赢，而且要赢得漂亮的思想，为求人们都满意，总显得汲汲营营。过去一整年，我花了很多时间理解神性与人性的差异，还没办法达到无所求、无差别的境界。**但我非常努**

力学习放下胜负，让喜欢一件事的念头单纯化，练习冷漠；遇上暧昧的、感性的情感面，能够不失条理地做到妥善处理，太多温情堆叠反而复杂，我其实应付不来。

持续下坠的时候，我会尝试拆解每件事的本质，不快乐，是因为想要却得不到。该得到的不该是输赢的感觉，或许一开始就设定错了。太轻易到手，反而容易迷失，高明的人生玩法是追求热烈的参与感，用无数的经验叠加，铺一条密实的道路。站在机台旁边亲眼看高手使出困难招式，利落破关，是输是赢都同样入戏，同样开心得不得了。完赛过后，考验才正式开始，这就是游戏跟真实人生的差别。**经营比输赢重要多了，输赢之于人生，是一段过程和一次瞬间。**

透过周遭的人、事、物，来察觉到自己的存在，称为"自我"；让外在的眼光定义了内在，那叫"失去自我"。

群体与个体是相对存在的，不需要谁来迁就谁。你好，世界就好。

人的心是一块磁铁，能吸引到另一个频率相近的人。将得与失的感觉内化，在众声喧哗的纷扰里，独处是必然的对抗，或许我们会发现，我们从未真正认识自己、欣赏自己。

关于自己

Chapter 5

甩开网络人际包袱，理性退群吧！

社群上所看到的美好，都是经过修饰而成的，
努力追赶他人，不如自得其乐地活着。

01 生活公开没什么，
但别轻视网友的超译能力

　　还没决定成立自媒体抛头露面之前，我一直是重度的社交网络使用者，在网络世界里可以将平时刻意隐藏的性格解除封印，享受当一名直来直往的人，在虚拟空间乐得自在。任何论坛形式的讨论区都是我的秘密花园，星座、香氛、摇滚乐跟独立电影板块都留有我的足迹，用化名发表看法，同时也能在不知道对方是何许人物的状态下，和别人交换意见，倾听不同观点，若是碰到合拍的网友我会异常激动。

　　我这样的心态一直到交友类型的平台崛起，才开始有些改变，不再只想交流了，开始想要交友，"让别人知道你是谁"这件事似乎变得重要了起来。二〇〇七年我申请了第一个脸书账号，当时没有信息安全的观念，我在个人档案里把身家状况交代得清清楚楚，求学过程念的学校、做过哪些职业、公司的名称、报到跟离职的时间都列得相当完整。好友人数一下从两千冲到五千，抱着开放的心态，只要想认识就和他们互加好友，却没意识到找一堆陌生人来家里聚会是件危险的事，以为经营个人社交圈只要人多热闹就好。

人一多，干扰也多了，过多且不必要的交流占去了我太多时间，遇到言语上的误会还得解释半天，不如拿来跟生活中的朋友互动，反而顺畅多了。**想从网友变成知心朋友，就好比是买彩票，中奖概率不高，称不上是一项很好的人际投资。**我有几次遇到在网络上聊得投缘的人，试着把关系拉到现实，却变成见光死，跟新朋友磨合很累，还不如好好守着原来的旧朋友，其余随缘。网友索性就摆在那里，有缘再见。

加密功能尚未出现之前，我一直不觉得把生活公开会有什么问题，没料到看似布线广阔的人际关系全是虚拟的，好友的数字像是一碗很浓厚的迷汤，会在毫无防范的状态下引火自焚。

我还有过一次惨痛的教训。我在微信的朋友圈里分享了一张朋友夸张的睡相，却忽略了对方公众人物的身份，隔天竟然被杜撰成了不实新闻，我惊讶得说不出话来。朋友圈的动态仅有朋友可见，但我当下没意识到微信上的联络人不单纯是朋友，照片的外流自然无从追查。失去这个朋友不是最痛的，最令我痛苦的是，我的无心之过为别人惹来了麻烦，整整有好几天都得为不实新闻辟谣，这给彼此造成了巨大的困扰，就算再有肚量的人都很难觉得没事，打从心底不计较。

无论再怎么努力还原，网络跟现实的界限永远存在，让不完全信任你的人待在身边，很容易产生逆火效应。面对事实，那些原本就持有和你相反观点的人，不但不会被说服，反而还会更坚持己见。

网络好友的关系不真实，

对立都来自无法相互了解，

即便是真相也会被超译，

别高估陌生人的判断力。

即便我愿意相信每一个人，但多数人未必愿意相信我，人跟人之间需要花时间累积信任感。因为一时的无知让自己门户大开，却发现自己的一举一动都被监视着，抱着懊悔的心情被迫结束这段人际关系，在朋友面前抬不起头的感觉确实很糟。从那一刻起，我开始回头检视在网络上所有的联结究竟有没有必要，会定期删除鲜少互动或仅有一面之缘的"类"朋友。

剩下来的"好友"必须重新分类、编列名单，谁是点头之交，谁是工作上的朋友，而哪些人做过哪些事，足以纳入亲密关系，都要搞清楚。发动态之前，还得考虑谁才有权限观看。这搞得我身心俱疲，但不做这些又没办法心安，费了很大功夫才晓得隐私有多重要，老是嚷嚷着为人要坦荡荡，选择把所有生活公开没什么，但看图说故事的旁观者还是占多数。

对于那些我想纳入生活里的朋友，我绝不会只通过网络来了解对方。虚拟成分太高就叫不真实，人的形象很容易造假，真实的我们并没有办法从几张照片就判断出一个人的好坏，或仅三两句话就概括完一个人的特点，即便把最粗糙、最狼狈的一面，赤裸裸地展现在世人面前，每个人解读的方式不同，往往也会引发不必要的争议。**网友肯定是一段关系的开端，但很多时候却并非我们想的那般浪漫，嗜血无情的大有人在，要学会自我保护。**

02 负评不过是在告诉你：
"有个人是这样想的。"

美国的脱口秀节目《吉米现场秀》（*Jimmy Kimmel Live*）里，最有名的桥段是"Celebrities Reading Mean Tweets"，让名人念出推特（Twitter）上的网友批评，考验名人的修养跟临场反应。有人表情尴尬，有人一笑置之，但很少能看到这些人生气，我猜想是因为摄影机正在拍，他们不想让真性情在众人面前显露。在杂志社工作的时候，每当访问到争议性高的艺人，我总会在最后问："你怎么看待负评？"创造机会给对方平反，顺便看看他们如何展示高情商。

我以为自己见过大风大浪，心理素质已经够强大，可以像这些大明星用第三者的立场，将负面情绪四两拨千斤。直到有天，看到了一则冲着我来的书籍负评。

"很多地方都能看出作者井底之蛙却又自以为是的人生观，非常不推荐。"

那一晚，我失眠了。反复想了又想，这本书究竟有哪些诠释失当之处，会让这位读者如此失望。原来我没想象中那么理性，高估了自己的修养，没办法像大明星们面对负评时强作镇定。我又反过来检视作品，这本书用过往的工作经验作为反省，叙事也尽量使用中性的口吻，却成了读者口中的井底之蛙，真心的建议在陌生人眼里被认定为自以为是，很难不泄气。

　　于是我开始拆解这句话背后的用意，往最坏的一面想。这个过程其实蛮难受的，难受的是怕买了书的人被误导，而我却自以为给了中肯的建议；更怕他们读完文章用错方法，让那些本就辛苦的路子，变得更险恶。好心却害到别人，并非我的本意。

　　我忍不住问身边几个看过书的朋友说："先撇开这是我写的，从读者角度看，这本书你觉得它很烂吗？"见对方迟疑了两秒，我赶紧补一句："难看在哪可以直说，不用怕我不开心。"我开始像个心情飘忽、没有安全感的小姑娘，疯狂问另一半到底爱她哪里，逼着他们讲出残酷的真心话。以往我都是安抚别人的角色，这一晚，换成朋友们为我操心。

　　社群时代的每个人都是公众人物，若不是面对造谣毁谤，看到恶毒言论时，脸皮厚一点并非坏事，只是心理状态不佳时可别强作大气，硬要将带着刺的评论吞下去。**负评未必是“酸民[①]”给的，但“酸民”肯定是想趁势痛击，你越是在意，就越顺了他们的意，他们的心态就像脱口秀观众在等着看名人崩溃。**

好友S作风大胆，时常在网络上有惊人之语，曾经是谈话性节目的固定班底，当年是个体重一百多斤的乐观女孩。十几年前还没有网络霸凌的反制风气，S的照片被贴到论坛，长相遭到陌生网友攻击。对她外貌的批评极其恶毒，让她一度产生了人群恐惧症，一跟路人对上眼神就会下意识地闪躲。从地狱爬出来的她告诉我：**“没有负评的人生一定是因为过得太无聊，别人连讲都懒得讲，一件事本来就有正反两面的意见，有人称赞，就会有人看不顺眼。”**

一件事的源头在于自己，**成年人要能分得出来谁是毫无根据的恶意批评，而谁又只是说话不中听，但确实想要你变得更好，才会口不择言。**

那几天睡不着的时候，我质疑自己是否做了错事，甚至想过

① 酸民是台湾流行语，指见不得别人做得比自己好，所以就去酸别人、骂别人的人。

不再公开发表文章，以免惹来非议。所幸因噎废食的念头没有持续太久，S遇上如此不幸的惨况，被匿名言论攻击过后都能浴火重生，而我不过是一次小擦撞，又何必消沉？回头看这些文章，还是可以触动到心里的某块地方，对这位网友来说，指出我的作品仍有很大的改进空间，或许是想引我到更远的地方，把话反过来听，其实是好意。

　　想着想着，好像舒服了一点，没有摄影机对着，也没必要对谁掩饰失落、强说不在意。想做的、想说的还有很多，写作这件事不应该因此停留。将情绪重新整理过后，我对于这条评价已经能用一种"谢谢你，我知道了"的态度面对，不合心意的评论是另一面的想法，它只是在告诉你："有个人是这样想的。"要练就无欲则刚的力量，得先有海纳百川的气度，能与负评共存的人都是强大的。

03 网友的称赞像"喂毒"，让人活成他们喜欢的样子

　　浓眉大眼的 R 是朋友里最有偶像包袱的一个，从早期的交友网站跟无名相簿，到近来的照片墙都有着超高人气。每次一伙人去夜店，他光是站着不动，就会有一堆陌生人过来打招呼想认识他，到哪儿都自带光环。那晚，他紧抓手机，眉头深锁，似乎有大事发生，我很想帮上一点忙，却又不敢贸然打扰。过了一会儿，耳边传来一句："好烦喔，我的照片又在交友软件上被盗用了。"

　　我笑着问他："要是以后没人想盗用你的照片，你会有失落感吗？"见他硬把隐隐上扬的嘴角给压下，我就知道，**网友的正面评价是一种兴奋剂，可以带来短促又带着力道的鼓舞。**

　　某天，大家约在信义区一家常去的咖啡厅，R 穿着一件垂坠感的灰色上衣来赴约，不规则的剪裁像胸口缝着一块高级餐巾，

很难不让人多看两眼。

吃饭吃到一半，同桌友人先打了一记擦边球。问道："你这件上衣好特别，哪来的？"

我乘势再补一句："不像是你会穿的衣服。"

话题绕了好几圈，就是没人敢说出"不适合"三个字，我们好奇究竟是谁给 R 的勇气，敢穿成这样走进台北人声鼎沸的闹市区。原来是网友，只因为陌生人的一句："你穿衣品位很好。"他就穿上了这种浮夸的衣服。所幸，这件衣服之后再也没看他穿过。

"灰衣事件"结束后的一天，连逛街扛一袋衣服都嫌手酸的 R，居然说要去健身房，高调宣誓要往肌肉男路线迈进。只是因为一张露出肩头的背心照，被网友大赞好看，为符合普世期待，R 决定把身材练结实一点，办健身卡，上网团购蛋白粉，热情十分高涨。自从那一天起，R 这场以自己为主角的实境秀正式开播，而游戏规则却是粉丝说了算。

一个连爸妈的话都不太听的人，却在网络上任人摆布，活在陌生人的集体意识里，追崇关注，生怕不被喜爱，害怕失去被注目的感觉。R 的自信有大半都来自网友的评价，周遭朋友总是劝不动也提醒不得，他整个人好像着魔一般，追求着被动式的人物设定。

社交网络上的我们应该是什么模样，

自己却无法做主，

该是一件多么可悲的事。

人气是看得见的肯定，但现实中所感受到的爱，却是没办法量化的，很多社群成瘾者的思维是数字导向，他们不容易察觉那些抽象、细微的情感交流。难过时，爱你的人给的拥抱，还不如网友的一句加油来得温暖。把经营生活的选择权交给看得到却触不到的网络人际关系，人生终将倾斜，为别人而活是多么可悲的一件事。

网络把陌生人的距离拉近，一群人窝在小角落里的安心感很强，但它会让人产生一种错觉，觉得在这小小屏幕里拼命地掏心掏肺，就好像拥有了全世界。通过密集的交流，无形间将相似的观点汇流在同个页面，久而久之，集体意识便会产生，认为讨论度高就一定是好，穿着、妆感、发型，甚至拿的包包跟拍照动作，都得摆出一个样子，一种普世价值中美该有的样子。

去一趟花市，你会发现，自然而然地生长，是万物最美的姿态，人工感太重的盆栽总是俗不可耐。**称赞不过是另一个人表达出的他的感觉，他喜欢你这样做，不代表就是绝对的好，好与坏在于自己合不合适，视角因人而异。**多数人认同的美往往平庸，大量复制的生活方式听起来多无趣啊！

网友并不是真的认识你，能给出的建议就算再中听，顶多只有参考价值，这些赞美把 R 的外表形塑成主流，而那早已不是我认识的他。所谓主流，不过是大众眼光的最大公约数，并不是最理想的答案。要毁掉一个人最快的方法就是不断地赞美他、迎合他，给他制造出充满虚荣感的幻境，让人迷失其中，尽情展露缺点。职场上有一套最恶毒的战法叫"捧杀"，为了活成网友喜欢的样子，把原来的自己给抛弃，换来一个跟别人差不多的人生，值得吗？

04 甩开没必要的人际包袱，理性退群

好友 W 办了一场生日派对，把确定参加的人都拉到了同个群组方便联系。我跟寿星算有一点交情，自然不排斥认识他的朋友，一进到群组里头，发现有不少人都彼此熟识，便自顾自地聊了起来。十几个人你一言我一语，开个会出来就有上百则未读消息，没有主场优势，话题时常跟不上的我便很少发言。

聚会当天的气氛挺好，跟群组里的人聊得很开，酒酣耳热后我卸下心防，开始"吐槽"别人，说起话来口无遮拦，一整个晚上把大伙儿逗得哈哈大笑。很快地，便从边缘人变成中心人，成为他们口中很幽默的朋友，只要有好吃、好玩的局大家都不忘特地约我，想起来挺窝心的。

生日会的结束成了这群人感情的开端，转为以 W 为首的小团体，平时交流生活琐事，大至国家政策，小至在路上看到帅哥都会第一时间发到群里讨论。既然被划为自己人，不仅同甘也要

共苦，几个人七嘴八舌攻击同个人的力道很是惊人，平时说话大声的人经常会带动节奏，偶尔有反面意见，也很快会被多数人摆平，能聊天的就那几个人，其余则选择默不作声。

有聚有散是人际关系的自然法则，联谊性质的感情通常有段蜜月期，等到稍微熟悉之后，裂痕便会慢慢产生。没有太深厚的信任基础，所以禁不起一丁点风吹草动，沉默的少数逐渐松动，很多没办法在群组里直说的事，就会再拉出其他对话框一对一的大肆抱怨，负能量也能交到朋友，那些以为只有跟一个人说的话，当然也绝对不会只有一个人知道。

真正的朋友是可以畅所欲言的，

不必担心衍生纷扰，

能聊几句话知道对方始终牵挂着自己，就已足够。

几个月后，W跟群组中的一人吵架，把几个亲信拉到了新的群组。原本兴高采烈聚在一起的一群人，有如细胞分裂、增生，我这里已经有三个群组了，看不到的地方想必更多。相处到后来，我同时深陷好几场人情角力之中，以至于对这几个新朋友的感情急速冷却。后来得知我被认作一丘之貉，搞得其他人必须跟我划清界限，事实上我根本没搞懂发生了什么事，我也不想懂。

"我的群组太多，工作一忙时常错频，就先退出啰！"留下这句话，我一口气退出了所有相关的群组，像剪去一头又染又烫、发质严重受损的长发，回归到简简单单的状态，突然觉得无比轻松。

一点开通信软件，总有数不清的群组已成死局，突然发起一个话题都觉得尴尬。**心肠软弱的人经常进退两难，生怕落人口舌，但很多时候人际包袱都是自己在硬扛，交朋友不该迁就，一段关系的决定权操之在己。**

往后，人数太多、缺乏感情基础的聚会形态群组我一律婉拒，群组真正的作用是用来联系不易见面的真情，而非用八卦和碎嘴来填补空虚，过多无意义的讯息就叫打扰，用不着自讨苦吃。

定时清理失声的对话框，扫除没有存在意义的网络人际，反而会让人际关系更纯粹、更长久。**面对最棘手的工作群组，等到任务结束就该潇洒退群，没有功能性的社群组织是一种干扰，越是踌躇就越无法抽身，感觉不对就趁早退出，**只要态度理性、不特别针对谁，好聚好散的时机其实不难抓。

我脱离群体生活已经好几年，日子被工作塞得很满，能跟几个新面孔变熟，从互动走到交心程度已经很难得，没办法多挤出力气顾着一整票人，被当成棋子推过来移过去，配合群体做出很多言不由衷的决定。偶尔有真心话想聊，也不想对着那么多人，若是群组里的成员发挥不了朋友的功用，时常会让我感到窒息，这种太过消耗心力的互动大可不要。

05 你的良善，终将成为陌生人的把柄

　　我受人之托想找个工作上的联络窗口，头一个想到 N，他平时周旋在网红跟品牌之间，于是我点开他的账号查看他的好友名单，想着应该会有头绪。但我竟发现 N 最后一张照片是一个多月前发的，给他发消息也没回，平时挺活跃的一个人却离奇消失，直觉告诉我一定是出事了。我赶紧向共同朋友打听，几个人不约而同地回说："我们很久没联络了，听说发生了一些事。"

　　浅浅带过的口气大有玄机，弄得我有些心慌，想起 N 曾经深夜找我诉苦，似乎在人际关系中吃过不少苦头，很怕他会一时想不开，正把自己关在阴暗的角落，等待着有人可以拉一把。虽然和他交情不深，但几次互动都挺热情的，我还是非常担心，但焦急也无济于事，若他真不想被找到，任谁出马都肯定会无功而返。不过基于关心，我还是发了一则动态问了问亲近的朋友："请问谁最近碰到过 N？"但无人回应。

几周后，凑巧在一场聚会上，好友 E 问："威廉，你上次 D 牌的合作案，当时对接的窗口是谁？"

"是一个负责公关活动的小女生，说话方式蛮有趣的。"朋友说前阵子有不少同业也跟同个品牌合作，但联系人是 N，甲方付了钱却没看到成果，而乙方压根儿不知道合作的内容竟比想象中的多，这显然是中间人在搞鬼。整件事宛若现实版的《猫鼠游戏》（*Catch Me If You Can*），习惯走夜路的 N 被硬生生地摊在阳光下，立即灰飞烟灭，人间蒸发到连个影子都没了。"我记得你上次才问 N 是从哪里冒出来的，突然间这圈子里谁都认识他了。"E 想起我曾说过的话。

抽丝剥茧后，我发现网络上的共同好友是一道破口，若**有人有心想打入某个社交圈，便会先想办法认识其中一个，这样就能联系到身边好友，接着用大量合照、互动取信于人，制造"好像跟他很熟"的假象。**

好友名单是判别标准，只要互相关注、互为好友就能轻易卸下心防，就算被陌生人加好友也不疑有它，出自对自己朋友的信任，心防自然而然地会瓦解。这套手法在职场中很常见，严重一点叫"变相欺诈"。

听多了人财两空的惨况，大多来自造假成分高的网络交友，光凭几张照片跟简短自述就能建立人际关系，素未谋面的网友轻易就能探取你的生活，其实是件很可怕的事。你跟谁吃过饭，上周去了哪里玩，他们都能看到，等到夜深人静时显露脆弱，就是对方乘虚而入的最好时机，只要投其所好，相信人性本善的人肯定任人宰割。

天上掉下来的绝对不是礼物，

来路不明又特别积极主动的人，

一定有所企图。

用网络拓展人际圈未必不可行，想认识一个人也没有错，不过能成为朋友肯定要有资格，而所谓"资格"就是审核标准，别天真地认定网友不会有恶意，只是可以利用你的时机未到而已，躲在屏幕后面打坏主意的人可多着呢。若遇到 N 这类意图明显的人，切记点到为止，不要和他们有任何的利益交换，宁愿被说难相处，也不要吃了亏都找不到人哭。

尤其媒体行业的人际圈很广，在这行待久了，碰到生面孔总会存着一点戒心，这让我对于"装熟"这件事特别敏感。**在工作**

场合配合演出是种礼貌，从网络取得联系是可以的，但需要拉到现实中感受虚实，是否可以深交需要各凭感觉，一旦有合作关系请务必守住底线，一切公事公办。

好友 K 脸书上的自我介绍就写着："我不缺朋友，加好友请说明你是谁。""踩"进生活圈里的人宁可不打不相识，也不要在相识过后才惨遭毒手，"请神容易送神难"的道理在网络世界里完全适用，要清除不合适的朋友，比交一个新的还费神。

06 世界不差你这一条评论，伤人者必定自伤

年纪与我一般三四十岁的人，是看纸质书长大的，时常在时代的洪流里摆荡，来不及适应新事物，也没本事甩开旧习惯，仍保有阅读的热忱，在网络时代依然肯花时间阅读，培养思辨能力。然而过多的社群平台让人无力招架，每天涌入成千上万则讯息，我开始分流，但脸书的订阅功能不能舍弃，那是我用来接收新闻的主要渠道。

每天早上，我会冲杯咖啡醒醒脑，点开几个新闻网站边看边吃早餐。从网络看天下取代了读报的习惯。若是对哪则新闻特别有感，或看到哪位网友的评论有失公道，总会忍不住留言。我仗着还不错的文字能力跟条理，偶尔能做出神回复，然后便沉溺在被点赞数推到第一排的虚荣感，虽不至于有多厉害，但仗义执言的机会，我总是不想放弃。

要做出一条被推到很靠前的人气评论，得要幽默跟深度兼

具，知识量要够、立场要明确，还必须观测风向，花很多时间用来收集资料、佐证发言。那股劲像极了准备论文答辩时的自己，只是要说服的对象不是教授，而是一个个陌生的网络账号，小小的空格里挤满了琢磨再三的文字，谨慎地按下发送键。一有回复提醒，我便再重复同样的步骤，字字句句尽可能做到让人无法攻破，等到对方再也挤不出任何回应，这场"战役"才宣告结束。

有段时间，我很爱跟网友理论，所有不公不义的事都想发声，面对社会议题非出手不可，像环保、人权、性别歧视、霸凌和动物救援以及媒体试着带起错误风向的假新闻，都让人愤愤不平。明明可以轻轻带过，但我却总是耗费几个钟头用来和网友争辩，一整个早上什么事都没做，占用了工作时间，导致原本该完成的工作往后顺延。同时和网友之间的一来一往，不只令人闹心，还让生活节奏大乱。

在网络上遇到意见不合的人，务必避免陷入不理性的文字搏斗。

埋首创作的日子里，我几乎足不出户，多亏了外卖的发明，终于可以不用啃面包，三餐都有热食可以选择，会有专人送到门口，还会附上餐具、吸管和塑料袋，但我一定会特别标注请店家不要提供餐具和塑料袋。一天，常叫的早餐店连续三天忽略了我的要求，事后我在脸书发了一篇文章，标题是"一次外送，得用到多少塑料袋跟塑料餐具？"，语气充满着不耐烦，发泄也有，呼吁也有。

不过一顿饭的时间，这则发言被转发二十几次，被转到外卖平台说我是黑客、假清高的环保达人。看到我的原意被曲解，当下卷起袖子准备开战，但仔细看过每一则留言，发现自己的言论其实站不住脚，好友还劝说："既然你要环保，就不应该叫外卖。"

越是带着刺的言论，

就越容易招来不必要的口舌，

再多的美意都会被曲解。

我先撤回了这则动态，接着跟每一位批评我的网友解释原意，当时是因为发现一份早餐被用三个塑料袋装着，觉得造成了不必要的浪费才会有如此大的反应，我承认是自己言行失当造成了误解，没有要为难店家的意思。其实我最好的做法是直接向平台提出建议，而不是洋洋洒洒写下一大段文字，反而让问题失焦。

传播学里有个很重要的名词，叫"选择性暴露"（selective

exposure），我们在社交网络上所关注的事情已经是被大数据挑选过的，这些事情的观点会与我们所想的相近，**长期下来会让人陷入信息茧房，误信自己才是真理，但其实未必是这样。有智慧的人反而会特地去找相反的论点来作为思辨的参考。**

海明威说："**人用两年时间学会说话，却要用一辈子学会闭嘴。**"网络口水战很耗神也很没必要，**公开发言之前，应该先要求自己对这件事了解通透，挑错时机只会费力不讨好，听取反面意见也是种学习。**如果一件事情本来就没有正确的解答，只是存在观点差异，那么你一言我一语其实都是在浪费彼此的时间。这世界不差你一条评论，争辩无济于事，伤人者必定自伤。

复制来的人生
哪叫理想

07

　　刷朋友的动态是我的睡前仪式，忙到昏天暗地时，能看看大伙儿过得好不好，总有种安神的作用。新工作适应得好吗？最近去过哪家漂亮的咖啡厅？跟男友吵架和好了没？减肥餐的菜色是什么？想要改掉的晚睡习惯成功了吗？日子一忙，无法像从前那样总是跟在身边耳提面命，退到观众席感受朋友们的生活点滴，亦是件再幸福不过的事。

　　看到朋友发的一张拿着捧花，跟老公牵手在阳光下笑容灿烂的照片，我下意识地留言恭喜，不到一秒又赶紧删掉。没记错的话，她是两年前结的婚，虽然年纪大了，但我记忆力再怎么退化，都不可能忘记自己早就给过她祝福，而且不止一次。从二〇一八年求婚开始，她就大秀婚戒、订婚、到民政局登记、拍婚纱照、婚礼实况，接着是度蜜月每一天的海岛美照，总要发在社交软件上。我从开始的道贺，变成简单的点赞，到最后，点赞不过代表了"阅毕"。

直到上个月，她仍在持续地分享成为人妻的感想，跟大伙儿说决定不藏私，要把两年前筹备婚礼的细节大公开，千挑万选的婚纱跟婚礼歌单，中西喜饼各订哪一家，摄影、活动记录的工作人员清单，逐一唱名。一直极尽所能地渲染每一刻的情绪，不难看出她的喜悦，想经营出人人称羡的人生。

这场婚礼持续轰炸了一年多，让人疲乏不堪。前几天她露出微微隆起的肚皮宣布怀孕，但我肚子里的墨水已经干涸，能想到的祝福语早已用尽，连点赞都没有力气。我开始预想下一次就是她拿出 B 超照发问："像爸爸还是像妈妈？"她的发文节奏极快，一举一动都得诏告天下。小孩出生势必将再起高峰，一出名为幸福家庭的节目，我拿起遥控器怎么转都是相同的剧情，于是陷入无处可逃的焦虑，生怕多吭一声，都会被说成是见不得别人好。

幸福并非取材自他人人生的样本，

不被关注不代表没人在乎，

没有祝福不代表就不幸福。

在社交平台公开分享私生活，记得要适当、适量，留给真正爱你、理解你的人欣赏。

自己人看自己人肯定带着柔焦，怎么看都是好的。我的二表姐嫁到德国，可爱的孩子接连出生，我这个做舅舅的，纵使相隔千万里，仍然不想错过孩子的成长，三天两头催促她多发照片。甚至让她开个粉丝专栏记录生活，我自愿当不要薪水的小编，经营得好还可以接些广告，赚赚奶粉钱。生性务实的她立刻回绝："全职妈妈已经够累了，别找事情给我做，担心我不够忙？"

　　我不死心，再拿出几个名人的例子，表达不需要花太多时间，偶尔发些生活片刻都好。但她却冷冷地说："他是他，我是我。"为了拍几张好看的照片，要把家里打扫干净，每天跟在孩子屁股后面收玩具都收得快要崩溃了，哪有闲工夫摆拍？小朋友穿的衣服、用的产品都得精心挑选，扛着被观赏的压力，倒不如多花点时间陪他们写功课。

　　光从几张照片就去解读别人的幸福人生，尝试模仿喜欢的生活方式，似乎落入另一种肤浅之中。德国是非常注重隐私的国家，家庭是私人领域，而我们喜欢分享动态，期望得到赞赏和称羡，很怕别人不知道自己过得有多好，这种行为他们无法理解，他们就连结婚生子的重要时刻都不愿多张扬，只跟真正的家人分享喜悦。

　　她提醒我，让孩子接受陌生人的检视，等同于将孩子暴露在恶意下生活。正面称赞当然欢迎，若是无意间惹来麻烦，爱子心切的她可禁不起任何一点负评。有模仿就有比较，有比较就有输赢，尤其在网络上，情绪更容易被刻意营造的氛围给撩动，才会有所谓的跟风情况出现。

常听到有人说，自己的梦想是成为谁，而他口中的"谁"，表现出来的幸福只不过是人生美好的那一部分而已。努力追赶他人，还不如自得其乐地活着。镜头没带到的，是名人没透露的平凡。**对于我们来说，最幸运的不是成为平凡的多数，而是能好好感受小人物才能拥有的平静不被打扰的生活，这才是幸福。**

08 陌生人的同情心有"额度"，抱怨顶多两次而已

那天，来采访的编辑 F 问我："成立自媒体以来，你最喜欢与最不喜欢的部分，分别是什么？"我的喜欢跟不喜欢其实都来自影响力。曾经的我怎么也没想到，**原来文字是会产生重量的，有时候足以承接屏幕另一端正在直坠谷底的陌生人；也有其他时候会因无心失言，而把一个已经气若游丝的人给压垮。**

我本着尽可能还原真实的信念在网络世界生存着，坚持不套任何滤镜，不管美的、丑的、好的、坏的全部公之于世。无奈自媒体的品牌形象得靠经营，生怕稍有差池而给客户添麻烦，于是我把做自己的地方转移到照片墙，只留二十四小时的限时动态，没有永久保存的压力，言行举止毫不遮掩，连摔倒、水肿都迫不及待想诏告天下。

当和网友距离近时，那些黑底白字的动态仿佛发出了声音，偶尔三更半夜有感而发，表现出少有的脆弱面，隔天便会被一整排的加油打气给叫醒。起初觉得好温暖，喜怒哀乐都有人能与我

产生共鸣，但暖流慢慢汇集成热浪，陌生人的回应已到足以灼伤我的程度，时常在早晨醒来，脸还来不及洗，就得在对话框里一一回复，为我恣意摊开的情绪收尾。

"威廉，你还好吗？"

"我没事啊，只是有感而发。"

对方觉得我肯定是在逞强，一问再问想追根究底，想了解我的负面情绪究竟从何而来，好意想帮上一点忙，连问三四次："真的没事吗？"

最后，我耐不住性子直接喷出一句："我快被逼疯了，是真的没发生什么事，行行好不要再问了，可以吗？"

看到对话框的另一头开始道歉，我意识到自己铸成了大错。我停顿了好久，想不到该怎么收拾局面，试着让口气变得温柔，每一句话都加了语气助词，让气氛轻松一点。发送之前还再三确认力道，我忍不住心生愧疚。

虚拟世界的人际关系其实很脆弱，要删除、拉黑、取消关注，其实我都能看得开，但我最怕自己成为一朵乌云飘进别人的心底，变成他的阴影，原本可以很温情的气氛却覆水难收。这位偶尔会联系我的死忠读者，就此沉入海底，我才发现原来我的情绪不管多么细微都会被察觉到，直接就能影响别人。被在乎是一种幸福，但越多人关心，表示有越多双眼睛正在检视着你，要挨得住众人的眼光可不容易。那次之后，我学会了谨慎处理每一则公开发表的负面情绪。

不管是朋友圈还是陌生人，

都没必要接收太多过于真实的讯息，

让关心你的人的情绪被你牵动，无疑是种"罪过"。

我把这件事拿来跟好友 Y 讨论，想知道在网络上拥有海量粉丝的她，是怎么习惯把生活全都展现出来，又不至于招来烦恼的。Y 淡淡地说："但你没必要把心里话全说出来吧！"

不想让社交成为负担的人，确实有着比一般人还强的人际公德心，不会三天两头拿着喇叭，把自己在想的事对着每个路过的人喊。

我向来不喜欢四处讨人关注的朋友，但在无形之中，我却变成了同类。我虽然不要求他人的怜悯，更不想从别人身上得到任何好处，但我的行为却与这类人无异，等到别人的关心送上门时，却慌乱地往外推，深不知对他们的困扰已经造成，这时再提规矩只会越搞越僵，反而像在无理取闹。其实我们**大可以尽情展示生活里的苦与乐，但内在情绪要有私人领域的观念，若真有不快，请对着最熟悉自己的人倾吐，才能避免造成误会。**

网友可以是浮木，但终究不是艘船，度过了险境，最终还是得求上岸，不管是朋友还是网友，没有人有义务承担另一个人的负面情绪。

在现实生活中，总有难以启齿的挫折让人难过，难免会让人想在虚拟世界寻求抚慰。发文求关注是一剂特效药，但次数别太频繁，陌生人对陌生人的耐心不多，同情心顶多两次而已，被贴上无病呻吟的标签，等到哪天发出求救又得不到想要的回应，那时挫折感肯定加倍。被全世界遗弃的感觉会变成黑洞，将已经残破不堪的心灵狠狠地反噬。

网络，是最没办法做自己的地方，太多的关注反而会成为束缚，活在人物设定里未必快乐。

套着滤镜的世界总是梦幻的，可是人生的主场并不在此，原先的你已是独一无二，不需要仿效别人。

面对毫无情感基础的网络人际，高冷一点也无妨，"其实我们不熟"是道突破口，更是所有坏事的源头，称职的朋友懂得把交流拉回现实，将虚与实的界线划出来，就能来去自如。

关于网络人际